FORSCHUNGSBERICHTE DES LANDES NORDRHEIN-WESTFALEN

Herausgegeben
im Auftrage des Ministerpräsidenten Dr. Franz Meyers
von Staatssekretär Professor Dr. h.c. Dr. E. h. Leo Brandt

DK 518.3:517.53

Nr. 1063

Prof. Dr. rer. techn. Fritz Reutter

Institut für Geometrie und praktische Mathematik
an der Rheinisch-Westfälischen Technischen Hochschule Aachen

Untersuchungen auf dem Gebiet der praktischen Mathematik
und damit verwandter Fragen der Geometrie:
Regelflächen vierter Ordnung in der linearen
Strahlenkongruenz — Betragflächen elliptischer Funktionen

Als Manuskript gedruckt

WESTDEUTSCHER VERLAG / KÖLN UND OPLADEN

1962

ISBN 978-3-663-06504-3　　ISBN 978-3-663-07417-5 (eBook)
DOI 10.1007/978-3-663-07417-5

Gliederung

Einleitung . . . . S. 5

I. Abbildung einer linearen Strahlenkongruenz auf eine Ebene . . . . S. 8
   1. Allgemeines über lineare Strahlenkongruenzen . . . . . . S. 8
   2. Abbildung der Strahlen einer elliptischen bzw. hyperbolischen linearen Kongruenz auf die Punkte einer euklidischen bzw. pseudoeuklidischen Ebene . . . S. 10
   3. Die Bildkurve einer Regelfläche und die Bildregelfläche einer ebenen Kurve . . . . S. 12
   4. Geometrisch-konstruktive Durchführung der Abbildung in der hyperbolischen linearen Kongruenz . . . . S. 16

II. Projektive Eigenschaften der Bildflächen von Kegelschnitten . . . . S. 18
   1. Nichtzerfallende Bildflächen 4. Ordnung . . . . S. 18
   2. Die ebenen Schnittkurven . . . . S. 19
   3. Zerfallende Bildflächen . . . . S. 21
   4. Spezielle Bildflächen in der hyperbolischen linearen Kongruenz, auf denen Tetraeder liegen . . . . S. 22

III. Differentialgeometrische Eigenschaften der Bildflächen von Kegelschnitten . . . . S. 23
   1. Singuläre Erzeugende . . . . S. 23
   2. Das oskulierende Strahlenhyperboloid einer Erzeugenden . . . . S. 25
   3. Konstruktion des Kehlpunktes einer Erzeugenden . . . . S. 26
   4. Krümmungseigenschaften . . . . S. 28
   5. Die Asymptotenlinien . . . . S. 29

IV. Allgemeine Aussagen über die Bildflächenbüschel von Kegelschnittbüscheln . . . . S. 32
   1. Projektive Klassifikation . . . . S. 32
   2. Affine Klassifikation . . . . S. 34
   3. Flächenbüschel, die sich aus Kegelschnittbüscheln besonderer Lage ergeben . . . . S. 36
   4. Übertragung eines Satzes über Kegelschnittbüschel auf die Flächenbüschel . . . . S. 38

V. Diskussion der Bildflächenbüschel einiger spezieller
   Kegelschnittbüschel .... S. 39
   1. Büschel mit einem dreifachen und einem einfachen
      Grundstrahl .... S. 39
   2. Büschel mit zwei einfachen reellen und zwei
      konjugiert komplexen Grundstrahlen .... S. 42
   3. Büschel mit vier einfachen reellen Grundstrahlen .. S. 46
   4. Herstellung eines Modells für ein spezielles
      Büschel von Regelflächen 4. Ordnung 1. Art .... S. 56
   5. Reziprok polare Büschel von Regelflächen
      4. Ordnung 1. Art .... S. 57
   6. Beziehungen zur Nomographie .... S. 60

VI. Betragflächen elliptischer Funktionen .... S. 60
   1. Allgemeines über Betragflächen elliptischer
      Funktionen .... S. 60
   2. Betragflächen der Weierstraßschen $\wp$-Funktion ... S. 64
   3. Betragflächen der Jacobischen elliptischen
      Funktionen .... S. 66
   4. Benutzung von Nomogrammen zur Darstellung der
      Betragflächen .... S. 68
   5. Ermittlung der parabolischen Kurven von Betrag-
      flächen mit Hilfe von Nomogrammen .... S. 68

Zusammenfassung .... S. 69

Literaturverzeichnis .... S. 71

Abbildungen .... S. 73

Einleitung

In zwei früheren Forschungsberichten [8], [9] und einigen damit in Zusammenhang stehenden Veröffentlichungen [10], [11], [12] wurden die Ergebnisse von Untersuchungen über die nomographische Darstellung von Funktionen einer komplexen Veränderlichen sowie von allgemeineren Systemen von Funktionen zweier reeller Veränderlicher mitgeteilt. Diese Untersuchungen lassen sich in Verbindung bringen mit der Untersuchung gewisser Klassen algebraischer Regelflächen, die einer linearen Strahlenkongruenz angehören. Die Verbindung wird hergestellt mittels einer im wesentlichen umkehrbar-eindeutigen Zuordnung zwischen den ∞^2 Punkten einer Ebene mit euklidischer bzw. pseudoeuklidischer Metrik und den ∞^2 Strahlen einer elliptischen bzw. hyperbolischen linearen Strahlenkongruenz. Diese Abbildung ist von G. HAENZEL zur Behandlung der Geometrie der linearen Strahlenkongruenz eingeführt und seither in einer Reihe von Arbeiten [1], [2], [3], [4] als Hilfsmittel für geometrische Untersuchungen benutzt worden.

In Kapitel I wird nach einer kurzen Einführung in die analytische Behandlung der linearen Strahlenkongruenz diese (bereits bekannte) Abbildung erläutert, und es werden die Abbildungsgleichungen aufgestellt. Sodann wird ein einfaches Verfahren entwickelt, mit dessen Hilfe man bei bekannter Bildkurve irgend zwei Höhenschnitte der zugeordneten Regelfläche ermitteln und aus diesen die Regelfläche aufbauen kann. Schließlich wird angegeben, wie aus der Gleichung der Bildkurve sofort eine Reihe von allgemeinen Aussagen über die Regelfläche gewonnen werden kann.

In Kapitel II werden die projektiven Eigenschaften der Bildflächen von Kegelschnitten behandelt. Eine solche Fläche wird im Anschluß an die bei G. HAENZEL [2] gegebene Klassifikation als Regelfläche 4. Ordnung 1. Art bezeichnet. Sie hat die Leitstrahlen der Kongruenz jeweils zu Doppelstrahlen. Neben Aussagen über die ebenen Schnittkurven 4. Ordnung und den Sonderfall zerfallender Flächen sind von besonderem Interesse spezielle Regelflächen 4. Ordnung in der hyperbolischen linearen Kongruenz, auf denen Tetraeder liegen.

Gewisse Eigenschaften der Bildkurven erlauben Rückschlüsse auf die differentialgeometrischen Eigenschaften der ihnen zugeordneten Regelflächen. Diese werden in Kapitel III untersucht. Es ergibt sich, daß Aussagen über singuläre Erzeugende, zu denen auch die Torsalstrahlen rechnen, und über das längs einer Erzeugenden oskulierende Strahlenhyperboloid ohne weiteres mit Hilfe der Abbildung gewonnen werden können.

Andere differentialgeometrische Eigenschaften werden durch unmittelbare Untersuchung der Regelfläche ermittelt. Hierzu gehört eine mit Methoden der Darstellenden Geometrie ausführbare Konstruktionen des Kehlpunktes einer Erzeugenden, die Untersuchung der Krümmungseigenschaften und die Ermittlung der Asymptotenlinien, wozu die Methoden der Differentialgeometrie herangezogen werden.

Die einleitend erwähnten Nomogramme von Funktionen einer komplexen Veränderlichen waren gekennzeichnet durch Büschel von Kegelschnitten als Träger der Skalen für Realteil und Imaginärteil der unabhängigen Veränderlichen einer darzustellenden einparametrigen Funktionenmannigfaltigkeit (z.B. $w = am\ (z, k^2)$). Diese Kegelschnittbüschel können als Bilder von Büscheln von Regelflächen 4. Ordnung 1. Art angesehen werden. Nachdem in den Kapiteln II und III die einzelnen in einem solchen Büschel enthaltenen Regelflächen behandelt wurden, ist Kapitel IV der Untersuchung des Zusammenhanges der Flächen im Büschel gewidmet. Es werden die Eigenschaften ermittelt, die eine solche geometrische Konfiguration gemeinsam kennzeichnen.

Die in den Kapiteln II, III, IV gewonnenen Ergebnisse werden schließlich in Kapitel V zu einer eingehenden Diskussion der Bildflächenbüschel einiger spezieller Kegelschnittbüschel verwendet, wie sie unmittelbar bei den in [8], [9] entwickelten Nomogrammen auftreten. Als Beispiel für eine solche Diskussion wird ein Fall bis zur Ermittlung der zum Hauptstrahl der Kongruenz normalen sowie der zum Hauptstrahl der Kongruenz parallelen ebenen Schnitte durchgeführt, und es wird schließlich ein Flächenmodell hergestellt. - Aus den behandelten Büscheln von Regelflächen 4. Ordnung lassen sich mit Hilfe der Polarität bezüglich einer der Kongruenz angehörenden Regelfläche 2. Ordnung weitere Büschel von Regelflächen 4. Ordnung 1. Art gewinnen, die eine allgemeinere Lage zu den Bestimmungsstücken der Kongruenz besitzen.

Der Gegenstand des Kapitels VI ist ohne unmittelbaren Zusammenhang mit den übrigen Kapiteln dieses Berichtes. Kapitel VI ist der Untersuchung der Haupteigenschaften der Betragflächen elliptischer Funktionen gewidmet. Dabei erweisen sich die in [8], [10], [11] entwickelten Nomogramme zur Ablesung der elliptischen Funktionen als ein nützliches Hilfsmittel zur Ermittlung der Höhenlinien und eines axonometrischen Bildes der Flächen sowie auch zur Bestimmung der Kurven, welche die elliptischen von den hyperbolischen Flächenpunkten trennen (parabolische Kurven).

Die Gegenstände des vorliegenden Berichtes sind nicht nur wegen ihrer Beziehung zu der nomographischen Darstellung von Funktionensystemen mit Untersuchungen auf dem Gebiet der praktischen Mathematik verknüpft, sie geben auch unmittelbaren Anlaß zu Aufgabenstellungen auf diesem Gebiet. So enthalten die Kapitel I,4. bzw. IV,3. u.a. graphische Verfahren, mit deren Hilfe man, wenn die Bildkurve einer beliebigen Regelfläche gezeichnet vorliegt, beliebig viele Erzeugende ermitteln bzw. ihre ebenen Schnitte punktweise bestimmen kann. Weiter ist in Kapitel VI,2. ein numerisches Verfahren zur Ermittlung der parabolischen Kurven der Betragflächen für die Weierstraßsche $\wp$-Funktion angegeben.

I. Abbildung einer linearen Strahlenkongruenz auf eine Ebene

1. Allgemeines über lineare Strahlenkongruenzen

Es ist zweckmäßig, sich für die folgenden Untersuchungen der Plückerschen Linienkoordinaten zu bedienen. Die homogenen Linienkoordinaten p_i der Verbindungsgeraden zweier Punkte X bzw. Y mit den homogenen Punktkoordinaten x_i bzw. y_i ($i = 1,\ldots,4$) sind definiert durch

$$p_1 = x_1 y_2 - x_2 y_1, \quad p_2 = x_1 y_3 - x_3 y_1, \quad p_3 = x_2 y_3 - x_3 y_2,$$
$$p_4 = x_3 y_4 - x_4 y_3, \quad p_5 = x_4 y_2 - x_2 y_4, \quad p_6 = x_1 y_4 - x_4 y_1. \tag{1,1}$$

Sie genügen der Plückerschen Fundamentalrelation

$$p_1 p_4 + p_2 p_5 + p_3 p_6 = 0. \tag{1,2}$$

Gibt man das Verhältnis $p_1 : p_2 : p_3 : p_4 : p_5 : p_6$ von sechs Zahlen p_i, die (1,2) genügen, vor, so ist dadurch eindeutig eine Gerade festgelegt.

Durch eine Gleichung $f(p_i) = 0$ wird aus dem vierdimensionalen Geradenraum eine dreidimensionale Mannigfaltigkeit, ein Geradenkomplex, herausgegriffen.

Ist insbesondere

$$f(p_i) = \sum_{i=1}^{6 \bmod 6} a_{i+3}\, p_i, \tag{1,3}$$

so liegt ein <u>linearer Komplex</u> vor. Ist außerdem

$$\sum_{i=1}^{6 \bmod 6} a_{i+3}\, a_i = 0, \tag{1,4}$$

so bestehen die Komplexgeraden aus den Treffgeraden der Geraden a mit den Plückerschen Linienkoordinaten a_i. Ein solcher Komplex heißt spezieller linearer Komplex, die Gerade a seine Achse. Ist (1,4) nicht erfüllt, so liegt ein nicht ausgearteter linearer Komplex (Nullsystem, Gewinde) vor[1].

Durch zwei in den p_i homogene Gleichungen

$$f(p_i) = 0, \quad g(p_i) = 0 \tag{1,5}$$

wird aus dem vierdimensionalen Geradenraum eine zweidimensionale Geraden-

---

1. S. z.B. W. BLASCHKE, Analytische Geometrie, Basel/Stuttgart 1954, S. 68.

mannigfaltigkeit herausgegriffen, die als Strahlenkongruenz (Strahlensystem, Geradenkongruenz) bezeichnet wird.

Ist insbesondere

$$f(p_i) \equiv \sum_{i=1}^{6 \text{ mod } 6} a_{i+3}\, p_i = 0, \quad g(p_i) \equiv \sum_{i=1}^{6 \text{ mod } 6} b_{i+3}\, p_i = 0, \tag{1,6}$$

so liegt eine lineare Strahlenkongruenz (im folgenden kurz als lineare Kongruenz bezeichnet) vor. Die beiden durch die Gleichungen (1,6) gegebenen Strahlenkomplexe definieren ein Komplexbüschel mit der Gleichung

$$\sum_{i=1}^{6 \text{ mod } 6} (a_{i+3} + \lambda\, b_{i+3})\, p_i = 0. \tag{1,7}$$

Aus

$$\sum_{i=1}^{6 \text{ mod } 6} (a_{i+3} + \lambda\, b_{i+3})(a_i + \lambda\, b_i) = 0 \tag{1,8}$$

erhält man die beiden speziellen linearen Komplexe des Büschels (1,7). Ihre Achsen l_1, l_2 werden als die Leitgeraden der durch (1,6) definierten linearen Kongruenz bezeichnet.

Eine lineare Kongruenz ist also der geometrische Ort aller Geraden, welche zwei Geraden l_1, l_2 treffen. Sind l_1, l_2 zueinander windschief, so liegt eine elliptische bzw. hyperbolische lineare Kongruenz vor, je nachdem ob l_1, l_2 konjugiert imaginär bzw. reell sind.

Fallen l_1 und l_2 zusammen, so liegt eine parabolische lineare Kongruenz vor. Liegen l_1, l_2 in derselben Ebene, so ist die Kongruenz ausgeartet.

Abgesehen von metrischen Sonderfällen sind die projektiven Haupttypen einer linearen Kongruenz durch

$$p_i - p_{i+3} = 0, \quad p_k + \varepsilon^2\, p_{k+3} = 0, \quad i \neq k$$

gegeben, und zwar liegt eine elliptische bzw. parabolische bzw. hyperbolische Kongruenz vor, je nachdem ob ε^2 den Wert -1 bzw. 0 bzw. $+1$ besitzt.

Ohne Einschränkung der Allgemeinheit wird im folgenden stets $i = 2$, $k = 3$ gesetzt. Die Kongruenz ist dann durch

$$p_2 - p_5 = 0, \quad p_3 + \varepsilon^2\, p_6 = 0 \tag{1,9}$$

gegeben. Die beiden Leitgeraden der hyperbolischen bzw. elliptischen linearen Kongruenz (1,9) sind gegeben durch

z = + 1, y = x und z = - 1, y = - x;

bzw. z = + i, y = ix und z = - i, y = - ix.

Zur elliptischen bzw. hyperbolischen linearen Kongruenz gehören auch die Strahlenbüschel durch die Fernpunkte der beiden Leitgeraden. Daher ist die Verbindungsgerade der Fernpunkte von l_1 und l_2 zugleich das Fernelement der Kongruenz. Setzt man noch

$\frac{x_1}{x_4} = x, \frac{x_2}{x_4} = y, \frac{x_3}{x_4} = z$, so zeigt sich, daß das Fernelement der Kongruenz mit der Ferngeraden der Ebene z = 0 übereinstimmt.

Das Gemeinlot der beiden Leitgeraden wird als Hauptstrahl der Kongruenz bezeichnet (es fällt für die Kongruenz (1,9) mit der z-Achse zusammen), diejenige Normalebene des Hauptstrahles, die auf diesem die Strecke zwischen den Leitgeraden halbiert, heißt Mittenebene oder Fluchtebene der Kongruenz.

Ist mit den Gleichungen (1,5) bzw. (1,6) eine weitere in den p_i homogene Gleichung

$$h(p_i) = 0 \qquad (1,10)$$

gegeben, so ist durch (1,5) und (1,10) bzw. (1,6) und (1,10) eine eindimensionale Geradenmannigfaltigkeit, also eine Regelfläche, gegeben, deren Regelschar in einer allgemeinen bzw. linearen Kongruenz liegt.

2. Abbildung der Strahlen einer elliptischen bzw. hyperbolischen linearen Kongruenz auf die Punkte einer euklidischen bzw. pseudoeuklidischen Ebene

Von G. HAENZEL [1], [2] wurde zur Untersuchung der Geometrie der elliptischen bzw. hyperbolischen linearen Kongruenz eine Abbildung der ∞^2 Kongruenzstrahlen auf die ∞^2 Punkte einer euklidischen bzw. pseudoeuklidischen Ebene eingeführt, die auch in weiteren Abhandlungen [3], [4] Verwendung fand. Zur Herleitung dieser Abbildung soll hier von der Darstellung (1,9) der linearen Kongruenz ausgegangen werden. Geht man mit (1,9) in (1,2) ein, so erhält man

$$p_5^2 - \varepsilon^2 p_6^2 + p_1 p_4 = 0 . \qquad (1,11)$$

Die Linienkoordinaten aller Kongruenzstrahlen genügen der Beziehung (1,11).

Durch die Substitutionen

$$\tilde{\varrho} p_1 = \bar{\xi}_3 + \bar{\xi}_4$$
$$\tilde{\varrho} p_4 = \bar{\xi}_3 - \bar{\xi}_4 \qquad (1,12)$$
$$\tilde{\varrho} p_5 = \bar{\xi}_2$$
$$\tilde{\varrho} p_6 = \bar{\xi}_1$$

werden die ∞^2 Strahlen der linearen Kongruenz (1,9) auf die ∞^2 Punkte einer Fläche 2. Grades mit der Gleichung

$$\bar{\xi}_2^2 + \bar{\xi}_3^2 - \varepsilon^2 \bar{\xi}_1^2 - \bar{\xi}_4^2 = 0 \qquad (1,13)$$

in einem projektiven R_3 abgebildet. Setzt man noch $\dfrac{\bar{\xi}_1}{\bar{\xi}_4} = \bar{\xi}$,

$\dfrac{\bar{\xi}_2}{\bar{\xi}_4} = \bar{\eta}$, $\dfrac{\bar{\xi}_3}{\bar{\xi}_4} = \bar{\zeta}$, so erhält man als Bildflächen der elliptischen

bzw. hyperbolischen linearen Kongruenz die Einheitskugel

$$\bar{\xi}^2 + \bar{\eta}^2 + \bar{\zeta}^2 = 1 \qquad (1,14a)$$

bzw. das einschalige Rotationshyperboloid

$$\bar{\eta}^2 + \bar{\zeta}^2 - \bar{\xi}^2 = 1 \ . \qquad (1,14b)$$

Anschließend werden die zur Kongruenz isomorphen Fundamentalflächen (1,14a) bzw. (1,14b) durch stereographische Projektion aus dem Punkte $\bar{\xi} = \bar{\eta} = 0$, $\bar{\zeta} = 1$ auf die ξ-η-Ebene abgebildet (Abb. 1a bzw. Abb. 1b). Damit ist eine im allgemeinen umkehrbar eindeutige Zuordnung zwischen den ∞^2 Strahlen der linearen Kongruenz (1,9) und den ∞^2 Punkten der ξ-η-Ebene hergestellt. Mit Hilfe der bekannten Gleichungen der stereographischen Projektion ergibt sich folgende Zuordnung zwischen den homogenen Linienkoordinaten p_i eines Kongruenzstrahles und den homogenen Koordinaten ξ_i eines Punktes der ξ-η-Ebene:

$$\xi_1 = -\varrho p_6, \quad \xi_2 = -\varrho p_5, \quad \xi_3 = \varrho p_4 \ . \qquad (1,15)$$

Durch die Zwischenschaltung der stereographischen Projektion wird jedoch die Eineindeutigkeit dieser Abbildung in folgender Weise gestört: Die Tangentialebene der zur elliptischen bzw. hyperbolischen linearen Kongruenz isomorphen Fundamentalfläche (1,14a) bzw. (1,14b) im Punkte

$\bar{\xi} = \bar{\eta} = 0$, $\bar{\zeta} = 1$ schneidet die Fläche in zwei konjugiert imaginären bzw. reellen Geraden $\bar{l}_1$, $\bar{l}_2$, für die $\bar{\xi}_3 = \bar{\xi}_4$ gilt. Den ∞^1 Punkten von $\bar{l}_1$ bzw. $\bar{l}_2$ werden deren Durchstoßpunkte L_1 bzw. L_2 mit der Bildebene zugeordnet, und zwar bei den hier getroffenen Annahmen die imaginären Kreispunkte bzw. die reellen Punkte $\xi_1 = \pm \xi_2$ der Ferngeraden $\xi_3 = 0$ der Bildebene. Andererseits entsprechen den Punkten von $\bar{l}_1$ und $\bar{l}_2$ die beiden Kongruenzstrahlenbüschel durch die Fernpunkte der Leitgeraden der Kongruenz ([1]). Diese beiden Strahlenbüschel werden also jeweils nur auf einen Punkt abgebildet. Es ist zweckmäßig, die beiden in dieser Weise ausgezeichneten Punkte der Ferngeraden als Fundamentalpunkte einer Metrik in der Bildebene einzuführen. Somit wird durch die beschriebene Abbildung die euklidische bzw. pseudoeuklidische Ebene auf die elliptische bzw. hyperbolische lineare Kongruenz abgebildet und umgekehrt. Von einer weiteren Diskussion der parabolischen Kongruenz (und der ausgearteten Kongruenzen) wird hier abgesehen. Durch andere Wahl der Abbildungselemente kann man an Stelle der Ferngeraden zu einer Geraden von allgemeinerer Lage und zu einem (konjugiert imaginären bzw. reellen) Paar von Fundamentalpunkten auf ihr gelangen.

3. Die Bildkurve einer Regelfläche und die Bildregelfläche einer ebenen Kurve

Eine beliebige Regelfläche in der linearen Kongruenz (1,9) ist durch eine Gleichung (1,10) gegeben. Man erhält die Gleichung ihrer ebenen Bildkurve, indem man in (1,10) p_2 und p_3 mit Hilfe von (1,9) eliminiert und anschließend die Substitutionen (1,15) ausführt. Ist umgekehrt in der Bildebene in den homogenen Koordinaten ξ_i die Gleichung einer algebraischen Kurve

$$f(\xi_i) = 0 \qquad (1,16)$$

gegeben, so ist ihr durch die in 2. definierte Abbildung eine Regelschar zugeordnet. Sie wird aus der linearen Kongruenz (1,9) durch einen algebraischen Strahlenkomplex ausgeschnitten, dessen Gleichung man in der Form

$$f(p_k) = 0, \quad k = 4, 5, 6 \qquad (1,17)$$

erhält, indem man in (1,16) die Substitutionen (1,15) einsetzt. Die Gleichung der Trägerfläche dieser Regelschar ergibt sich, wenn man von der allgemeineren Darstellung (1,6) der linearen Strahlenkongruenz ausgeht, in folgender Weise: Man setzt in (1,6) die Werte (1,1) ein und erhält nach y_i geordnet Gleichungen der Form

$$A_1 y_1 + A_2 y_2 + A_3 y_3 + A_4 y_4 = 0 ,$$
$$B_1 y_1 + B_2 y_2 + B_3 y_3 + B_4 y_4 = 0 \qquad (1,18a)$$

mit

$$A_1 = \quad\quad - a_4 x_2 - a_5 x_3 - a_3 x_4 ,$$
$$A_2 = a_4 x_1 \quad\quad - a_6 x_3 + a_2 x_4 ,$$
$$A_3 = a_5 x_1 + a_6 x_2 \quad\quad - a_1 x_4 ,$$
$$A_4 = a_3 x_1 - a_2 x_2 + a_1 x_3$$

und analogen Gleichungen für die B_i.

In (1,17) wird ebenfalls (1,1) eingesetzt und nach y_i geordnet. Es ergibt sich eine Gleichung

$$C_1 y_1 + C_2 y_2 + C_3 y_3 + C_4 y_4 = 0 , \qquad (1,18b)$$

wobei hier i.a. $C_i = C_i (x_k, y_k)$ ist. Für algebraische Kurven wird sich (1,17) stets in die Gestalt (1,18b) bringen lassen; bei transzendenten Kurven kann dies z.B. durch Multiplikation der transzendenten Komplexgleichung mit einem y_i und anschließender Addition und gleichzeitiger Subtraktion eines Gliedes der Gestalt $a y_k y_l$ erreicht werden.

Die Auflösung von (1,18a) und (1,18b) nach $y_1 : y_2 : y_3 : y_4$ ermöglicht es, aus (1,1) die y_i zu eliminieren und damit die p_i der Regelschar durch die homogenen kartesischen Punktkoordinaten x_i auszudrücken. Man erhält Ausdrücke der Form

$$p_i = f_i(a_k, b_k, x_k) \cdot \sigma , \qquad (1,19)$$

wobei σ einen in den C_i linearen homogenen Ausdruck darstellt. Für die Kongruenz (1,9) ergeben sich unter Mitverwendung von (1,2) die Gleichungen:

$$p_1 = \varrho \, (\varepsilon^2 x_1^2 - x_2^2), \qquad p_4 = \varrho \, (x_3^2 - \varepsilon^2 x_4^2),$$
$$p_2 = \varrho \, (\varepsilon^2 x_1 x_4 - x_2 x_3), \qquad p_5 = \varrho \, (\varepsilon^2 x_1 x_4 - x_2 x_3), \qquad (1,20)$$
$$p_3 = \varrho \, (\varepsilon^2 x_2 x_4 - \varepsilon^2 x_1 x_3), \qquad p_6 = \varrho \, (x_1 x_3 - x_2 x_4) .$$

Durch Einsetzen von (1,15) in (1,20) ergeben sich schließlich die Beziehungen

$$\bar{\varrho}\,\xi_1 = -x_1 x_3 + x_2 x_4$$
$$\bar{\varrho}\,\xi_2 = -\varepsilon^2 x_1 x_4 + x_2 x_3 \tag{1,21}$$
$$\bar{\varrho}\,\xi_3 = x_3^2 - \varepsilon^2 x_4^2 \quad .$$

Setzt man in (1,16) für ξ_i die Werte (1,21) ein, so erhält man die Gleichung der Trägerfläche der (1,16) zugeordneten Regelschar - im folgenden kurz Bildfläche genannt - in homogenen Punktkoordinaten. Aus (1,21) ergibt sich: Einer ebenen algebraischen Kurve von der Ordnung n ist eine algebraische Regelfläche von der Ordnung 2n zugeordnet. Und zwar ist die Bildfläche einer irreduziblen ebenen algebraischen Kurve n-ter Ordnung, welche nicht durch die Fundamentalpunkte verläuft, stets eine irreduzible algebraische Regelfläche von der Ordnung 2n. Verläuft dagegen die gegebene ebene algebraische Kurve α-mal durch L_1, ß-mal durch L_2, so zerfällt die Bildfläche in eine irreduzible algebraische Regelfläche von der Ordnung 2n - α - ß, welche die Leitgerade l_1 bzw. l_2 zur (n-α)-fachen bzw. (n-ß)-fachen Geraden hat, und in die α-fach bzw. ß-fach zu zählende zu l_2 bzw. l_1 parallele Ebene durch l_1 bzw. l_2 (vgl. hierzu [1], [4]). Für die elliptische lineare Kongruenz ist stets α = ß. Denn eine reelle algebraische Kurve, die durch einen der imaginären Kreispunkte verläuft, muß stets ebensooft auch durch den anderen gehen.

Eine weitere Diskussion der Abbildung ergibt u.a. folgende allgemeine Ergebnisse: Die Torsalstrahlen der Bildfläche entsprechen denjenigen Punkten ihrer Bildkurve, deren Tangenten durch einen der Fundamentalpunkte verlaufen (d.h. Minimalgeraden sind). Berührt die Tangente in einem solchen Punkte die Bildkurve m-fach, so ist der zugeordnete Torsalstrahl von der Ordnung m. Der Kuspidalpunkt eines Torsalstrahles liegt auf einer der beiden Leitgeraden.

Die oskulierende Regelfläche 2. Ordnung in einem Strahl p einer gegebenen Regelfläche wird auf den Krümmungskreis im Bildpunkt P ihrer Bildkurve abgebildet. Ist die oskulierende Regelfläche eines Regelstrahls p ein Strahlenparaboloid, so ist ihre Bildkurve eine Gerade. Der Regelstrahl p stellt dann einen Wenderegelstrahl dar. Endlich entspricht einem Doppelpunkt, einer Spitze oder einem isolierten Punkt der Bildkurve (soweit er nicht auf der Verbindungsgeraden der Fundamentalpunkte liegt) ein Doppelregelstrahl, ein Rückkehrregelstrahl bzw. ein isolierter Regelstrahl der Bildfläche. Das Ferngebilde der Bildfläche einer ebenen algebraischen Kurve von der Ordnung n hat die Gleichung

$$f(-\varrho\, x_1 x_3,\ \varrho\, x_2 x_3,\ \varrho\, x_3^2) = \varrho^n\, x_3^n\, f(-x_1, x_2, x_3) = 0, \quad (1,22)$$

d.h. diese Regelfläche hat die Ferngerade der Kongruenz als n-fache Erzeugende. Außerdem enthält das Ferngebilde noch eine Kurve n-ter Ordnung, die man aus (1,16) durch die Transformation

$$\xi_1 = -\varrho\, x_1, \quad \xi_2 = \varrho\, x_2, \quad \xi_3 = \varrho\, x_3, \quad x_4 = 0 \quad (1,23)$$

erhält.

Die Höhenlinien einer solchen Fläche werden durch die Ebenen $z = \gamma = $ const., also $x_3 = \gamma x_4$, aus der Fläche ausgeschnitten. Diese Ebenen bilden ein Büschel mit der Ferngeraden der Kongruenz als Achse, sie schneiden daher aus der Regelfläche zunächst die n-fach zählende Ferngerade aus. Als eigentliche Schnittkurve, d.h. als Höhenlinie dieser algebraischen Regelfläche von der Ordnung 2n bleibt nur noch eine ebene algebraische Kurve von der Ordnung n. Man erhält ihre Gleichung, indem man (1,16) der Transformation

$$\xi_1 = -\varrho\,(\gamma x_1 - x_2), \quad \xi_2 = -\varrho\,(\varepsilon^2 x_1 - \gamma x_2), \quad \xi_3 = \varrho\, x_4(\gamma^2 - \varepsilon^2)$$
$$(1,24)$$

unterwirft. Somit ergibt sich folgende Erzeugung der Bildflächen: Man wähle zwei Ebenen $z = \gamma_1$ und $z = \gamma_2$ und gebe in ihnen die aus (1,16) durch (1,24) entstehenden Kurven an. Die Verbindungsgeraden solcher Punkte, die zu demselben Wertetripel ξ_1, ξ_2, ξ_3 gehören, sind dann Erzeugende der Bildflächen. Aus (1,24) ergibt sich ferner: Die Schnittkurve der Bildfläche einer ebenen algebraischen Kurve C mit der Mittenebene der Kongruenz ist kongruent mit C. Sie kann als die Leitkurve der Regelfläche angesehen werden. Ist $\xi = \xi(u)$, $\eta = \eta(u)$ die Parameterdarstellung der gegebenen Bildkurve der Fläche, so ergibt sich für die Leitkurve die Darstellung

$$x = \eta(u), \quad y = -\varepsilon^2 \xi(u). \quad (1,25)$$

Dann kann man die Regelfläche durch die Vektorgleichung

$$\boldsymbol{\tau}(u,v) = [\eta(u) + v\xi(u)]\,\boldsymbol{i} - [\varepsilon^2 \xi(u) + v\eta(u)]\,\boldsymbol{j} - v\boldsymbol{k} \quad (1,26)$$

darstellen, wobei i, j, k Einheitsvektoren in Richtung des zugrunde liegenden x, y, z - Dreibeins bezeichnen.

Bei der Ermittlung von (1,26) wurde noch $p_4 = 1$ gesetzt. Dies ist keine wesentliche Einschränkung, da nur die beiden Parallelstrahlenbüschel der Kongruenz (1,9) nicht mit erfaßt werden, die nur als Bestandteile zerfallender Bildflächen vorkommen können.

Schneidet man die Fläche mit einer Ebene $z = \gamma$, so hat die Schnittkurve die Parameterdarstellung

$$x(u) = -\gamma\, \xi(u) + \eta(u),$$
$$y(u) = -\varepsilon^2\, \xi(u) + \gamma\, \eta(u). \quad (1,27)$$

Die Gleichungen (1,27) zeigen, daß die Höhenlinien der Bildfläche affine Bilder der Bildkurve der Fläche darstellen. Die affine Abbildung (1,27) wird nach (1,24) singulär für $\varepsilon^2 - \gamma^2 = 0$. Die Höhenebene $z = \gamma$ enthält dann eine Leitgerade. Mit Hilfe von (1,27) kann man die Höhenlinien leicht angeben, wenn die Bildkurve bekannt ist. Schließlich gilt noch (vgl. [1]):

Eine algebraische Regelfläche von der Ordnung 2n, die der elliptischen bzw. hyperbolischen linearen Kongruenz (1,6) angehört und die jede der beiden Leitgeraden der Kongruenz je zur n-fachen Leitgeraden hat, läßt sich als vollständiger Schnitt der Kongruenz mit einem Strahlenkomplex vom Grade n darstellen. Der Strahlenkomplex ist nicht eindeutig bestimmt; denn sei

$$f(p_i) = 0$$

die Gleichung eines solchen Komplexes, so wird auch durch

$$g(p_i) \equiv f(p_i) - f_1 \sum a_{i+3}\, p_i - f_2 \sum b_{i+3}\, p_i = 0,$$

wo f_1 und f_2 in den p_i homogen vom Grade n-1 sind, dieselbe Regelfläche aus der linearen Strahlenkongruenz (1,6) ausgeschnitten.

4. Geometrisch-konstruktive Durchführung der Abbildung in der hyperbolischen linearen Kongruenz

Die Kongruenzstrahlen durch den Punkt $P(x=y=c, z=1)$ der Leitgeraden l_1 bilden ein Strahlenbüschel. Seine Trägerebene schneidet die Mittenebene in der Geraden $y = -x + c$. Analog schneidet das Kongruenzstrahlenbüschel durch den Punkt $Q(x = - y = d, z = - 1)$ der Leitgeraden l_2 aus der Mittenebene die Gerade $y = x - d$ aus.

Zur Konstruktion der Bildfläche einer Kurve r der ξ-η-Ebene bringt man r mittels (1,27) mit $\varepsilon^2 = 1$, $\gamma = 0$ in die Mittenebene (x-y-Ebene). Ein Kurvenpunkt $R(\xi, \eta)$ von r geht dabei in den Punkt $\bar{R}$ ($x = \eta$, $y = - \xi$) von $\bar{r}$ über. Man nennt dies eine pseudoeuklidische Spiegelung.

Dann schneidet man $\bar{r}$ mit den Parallelen $y = -x + c$. Durch jeden Schnittpunkt $\bar{S}(x,y)$ einer solchen Geraden mit $\bar{r}$ geht ein Kongruenzstrahl, und zwar derjenige durch den Punkt $P(x = y = c, z = 1)$ der Leitgeraden l_1. Dieser Kongruenzstrahl ist der Bildstrahl des Punktes $S(\xi = - y, \eta = x)$ der Kurve r in der ξ-η-Ebene und damit eine Erzeugende der Bildfläche von r. Führt man die Konstruktion für alle Parallelen $y = - x + c$ und ihre Schnittpunkte mit r aus, so erhält man alle Erzeugenden der Regelfläche.

Abbildung 2a zeigt die ξ-η-Ebene (Bildebene) und eine Normalprojektion auf die Mittenebene der Kongruenz. Die Kurve r der ξ-η-Ebene geht in die Kurve $\bar{r}$ der x-y-Ebene über. Es seien l_1' und l_2' die Normalprojektionen der Leitgeraden auf die x-y-Ebene. Eine Gerade g aus der Schar $y = - x + c$ (Parallele zu l_2') schneide $\bar{r}$ in drei Punkten $\bar{A}, \bar{B}, \bar{C}$. Die drei Kongruenzstrahlen a, b, c sind die Bildstrahlen der $\bar{A}, \bar{B}, \bar{C}$ nach (1,27) entsprechenden Punkte A, B, C auf der Kurve r in der ξ-η-Ebene; sie sind Erzeugende der Bildfläche. Abbildung 2b zeigt eine Darstellung in Kavalierperspektive.

Man erhält die Erzeugenden der Fläche natürlich auch, wenn man die in die Mittenebene gebrachte Kurve $\bar{r}$ mit den Parallelen $y = x - d$ schneidet und die Schnittpunkte mit dem Punkt $Q(x = - y = d, z = - 1)$ auf l_2 verbindet.

Diese Konstruktion ermöglicht es auch, durch einfache geometrische Überlegungen die allgemeinen Sätze über die Bildflächen aus I,3. zu beweisen.

Entsprechende Überlegungen gelten zwar auch für die elliptische lineare Kongruenz. Nur lassen sich hier die Konstruktionen der imaginären Leitgeraden wegen nicht durchführen. Man benutzt daher zur Konstruktion der Fläche - wie in I,3. angegeben - zwei geeignet gewählte Höhenlinien der Fläche.

II. Projektive Eigenschaften der Bildflächen von Kegelschnitten

1. Nichtzerfallende Bildflächen 4. Ordnung

In der Bildebene sei der Kegelschnitt mit der Gleichung

$$a_{11}\xi_1^2 + a_{22}\xi_2^2 + a_{33}\xi_3^2 + 2a_{12}\xi_1\xi_2 + 2a_{13}\xi_1\xi_3 + 2a_{23}\xi_2\xi_3 = 0 \tag{2,1}$$

gegeben. Mit Hilfe von (1,21) erhält man als Gleichung der zugeordneten Regelfläche 4. Ordnung in der elliptischen bzw. hyperbolischen linearen Kongruenz (1,9):

$$a_{11}(x_1x_3 - x_2x_4)^2 + a_{22}(\varepsilon^2 x_1x_4 - x_2x_3)^2 + a_{33}(x_3^2 - \varepsilon^2 x_4^2) +$$
$$+ 2a_{12}(x_1x_3 - x_2x_4)(\varepsilon^2 x_1x_4 - x_2x_3) - 2a_{13}(x_1x_3 - x_2x_4)(x_3^2 - \varepsilon^2 x_4^2) +$$
$$- 2a_{23}(\varepsilon^2 x_1x_4 - x_2x_3)(x_3^2 - \varepsilon^2 x_4^2) = 0 . \tag{2,2}$$

Zunächst wird angenommen, daß (2,1) einen nichtzerfallenden Kegelschnitt darstellt, der auch keinen Fundamentalpunkt der Bildebene enthält. Dann zerfällt (2,2) nicht und es gilt:

Eine (nichtzerfallende) Fläche (2,2) in der elliptischen wie auch in der hyperbolischen linearen Kongruenz hat die Ferngerade der Kongruenz ($x_3 = x_4 = 0$) zur (einzigen) Doppelerzeugenden. Diese stellt für die Bildflächen von Ellipsen eine isolierte Doppelerzeugende, für diejenigen von Hyperbeln bzw. Parabeln eine Erzeugende dar, durch die zwei reelle verschiedene bzw. zusammenfallende Zweige der Fläche verlaufen.

Eine Regelfläche (2,2) in der elliptischen linearen Kongruenz hat mit der zur selben Bildkurve (2,1) gehörigen Regelfläche in der hyperbolischen linearen Kongruenz einen Kegelschnitt in der Fernebene gemeinsam, dessen Gleichung aus (2,1) durch die Transformation (1,23) gewonnen wird. Nach I,3. schneiden die Ebenen des Büschels mit der Doppelerzeugenden als Achse die Bildfläche in Kegelschnitten, die zueinander affin sind, wenn die Doppelerzeugende die Ferngerade der Kongruenz darstellt. Unterwirft man die Kongruenz einer reellen projektiven Transformation, so schneiden die Ebenen des Ebenenbüschels durch die Doppelerzeugende solche Kegelschnitte aus der Fläche aus, die aufeinander projektiv bezogen sind. Unter diesen Kegelschnitten gibt es einen, der den zur selben

Bildkurve gehörigen Bildflächen in der elliptischen bzw. hyperbolischen linearen Kongruenz gemeinsam ist.

Da jede (imaginäre bzw. reelle) Minimalgerade den Bildkegelschnitt in der euklidischen bzw. pseudoeuklidischen Ebene in zwei Punkten schneidet, ergibt sich weiter, daß durch jeden Punkt der (windschiefen konjugiert imaginären bzw. reellen) Leitgeraden l_1, l_2 der Kongruenz je zwei Erzeugende der Fläche gehen. Denn jede Ebene durch l_1 bzw. l_2 wird auf eine Minimalgerade abgebildet; jeder Kongruenzstrahl p läßt sich aber als Schnittgerade einer Ebene durch l_1 mit einer Ebene durch l_2 darstellen, sein Bildpunkt P als Schnittpunkt zweier Minimalgeraden. In jeder Ebene durch l_1 bzw. l_2 liegen also zwei Erzeugende der Regelfläche. Nach dem Satz am Ende von I,3. lassen sich die Regelflächen mit der Gleichung (2,2) als vollständiger Schnitt der gegebenen linearen Strahlenkongruenz (1,6) mit einem quadratischen Strahlenkomplex darstellen. In [2] ist eine Klassifikation der Regelflächen 4. Ordnung, deren Regelscharen einer linearen Kongruenz angehören, gegeben. Die im vorliegenden Bericht behandelten Regelflächen gehören im Sinne dieser Klassifikation zu den Regelflächen 4. Ordnung 1. Art. (Eine Regelfläche 4. Ordnung 2. Art hat die eine Leitgerade zur dreifachen, die andere zur einfachen Geraden. Sie kann nur erzeugt werden als Teilschnitt der linearen Strahlenkongruenz mit einem kubischen Strahlenkomplex, der außerdem noch zwei Ebenen (Kongruenzstrahlenbüschel 1. Ordnung) mit der Kongruenz gemeinsam hat.)

Eine Fläche (2,2) in der hyperbolischen linearen Kongruenz ($\varepsilon^2 = +1$) durchdringt sich selbst längs jeder der beiden Leitgeraden. Die Fläche besitzt in jedem Punkt der Leitgeraden zwei voneinander verschiedene Tangentialebenen.

2. Die ebenen Schnittkurven

Die Überlegungen in I,3. und II,1. geben die Möglichkeit, eine qualitative Diskussion der ebenen Schnitte der Regelflächen vom Typus (2,2) durchzuführen. Nach II,1. sind die ebenen Schnitte normal zum Hauptstrahl der Kongruenz, abgesehen von der unendlich fernen Doppelerzeugenden, Kegelschnitte, die zur Bildkurve (2,1) der Regelfläche affin sind. Mit Rücksicht auf die besser zu übersehenden Realitätsverhältnisse wird die Untersuchung der übrigen ebenen Schnitte zuerst in der hyperbolischen linearen Kongruenz vorgenommen.

Zunächst werde eine Schnittebene gewählt, die keine Erzeugende und keine Leitgerade enthält. Sie schneidet aus der Fläche eine irreduzible Kurve

4. Ordnung aus, welche drei Doppelpunkte besitzt, und zwar die beiden Durchstoßpunkte der Schnittebene mit den Leitgeraden und ihren Durchstoßpunkt mit der Doppelerzeugenden. (Der letztere ist für die Kongruenz (1,9) ein Fernpunkt.) Die Schnittkurve ist vom Geschlecht 0, da sie die Höchstzahl der möglichen Singularitäten besitzt.

Alle drei Doppelpunkte sind reell. Ist der Bildkegelschnitt (2,1) eine Ellipse, so ist die Fernerzeugende isolierte Doppelerzeugende der Fläche. Daher ist auf <u>Bildflächen von Ellipsen</u> der uneigentliche Doppelpunkt isoliert. Dagegen verlaufen auf den <u>Bildflächen von Hyperbeln und Parabeln</u> durch den uneigentlichen Doppelpunkt stets zwei reelle Zweige der Schnittkurve. Der uneigentliche Doppelpunkt ist der Fernpunkt der Schnittgeraden s zwischen der Schnittebene und der Ebene $x_3 = 0$. Daraus folgt, daß die Schnittkurven σ der Bildflächen von Hyperbeln und Parabeln zwei zu s parallele Asymptoten haben, die die Tangenten im uneigentlichen Doppelpunkt sind. Zwei weitere Asymptoten erhält man aus den Durchstoßpunkten der Schnittebene mit dem Fernkegelschnitt der Fläche. Auch jeder der beiden auf der Leitgeraden liegenden Doppelpunkte kann isolierter Punkt sein. Der Fall, daß alle drei Doppelpunkte isoliert sind, kann nur bei Schnittkurven der Bildflächen von Ellipsen auftreten.

Enthält die Schnittebene eine Erzeugende der Fläche, so zerfällt die Schnittkurve σ in diese Gerade und eine Kurve 3. Ordnung. Die Gerade schneidet die Kurve in den beiden Doppelpunkten, die von den Leitgeraden herrühren, sowie in einem weiteren Punkt, was man so erkennt: Eine Ebene durch eine Erzeugende ist in irgendeinem Punkt dieser Erzeugenden Tangentialebene der Fläche. In diesem Berührpunkt muß demnach die Schnittkurve die Erzeugende ebenfalls schneiden. Die Restkurve 3. Ordnung besitzt außer den Tangenten im uneigentlichen Doppelpunkt nur noch eine einfache Asymptote.

Geht die Schnittebene durch eine Leitgerade, so enthält sie zwei Erzeugende. Dabei zerfällt die Schnittkurve in die beiden Erzeugenden und die doppeltzählende Leitgerade.

In der elliptischen linearen Kongruenz gelten analoge Überlegungen. Hier sind stets zwei Doppelpunkte imaginär, nämlich die Durchstoßpunkte der Schnittebene mit den imaginären Leitgeraden. Der dritte Doppelpunkt ist auch hier ein Fernpunkt, und zwar ein isolierter auf den <u>Bildflächen von Ellipsen</u>, während die Schnittkurven der <u>Bildflächen von Parabeln und Hyperbeln</u> zwei zueinander parallele Asymptoten (als Tangenten im uneigentlichen Doppelpunkt) besitzen. Wieder haben die Schnittkurven zwei einfache Fernpunkte. Da die zur selben Bildkurve (2,1) gehörigen Bildflächen (2,2) mit $\varepsilon^2 = +1$ und $\varepsilon^2 = -1$ den Fernkegelschnitt gemeinsam haben, erhält man für den Schnitt mit derselben Ebene auf beiden Flächen dieselben Asymptotenrichtungen.

Enthält die Schnittebene eine Erzeugende, so zerfällt die Schnittkurve in eine Kurve 3. Ordnung und die Erzeugende, die nur den Berührpunkt der Schnittebene mit der Fläche als reellen Punkt gemeinsam haben.

Die bildliche Darstellung der in II,2. behandelten ebenen Schnittkurven wird aus Zweckmäßigkeitsgründen erst mit der Darstellung der Schnittkurven der Flächenbüschel in Kapitel IV. und V. vorgenommen.

3. Zerfallende Bildflächen

Nach I,3. zerfällt die Bildfläche einer algebraischen Kurve durch einen der Fundamentalpunkte der Bildebene. Daher sind noch die Bildflächen solcher Kurven 2. Ordnung zu diskutieren, welche einen oder beide Fundamentalpunkte enthalten.

Eine reelle Kurve 2. Ordnung durch die Fundamentalpunkte der euklidischen Ebene ist ein Kreis. Ihm entspricht in der elliptischen Kongruenz (1,9) eine Regelfläche 4. Ordnung, die in eine Regelfläche 2. Ordnung und in die beiden konjugiert imaginären Ebenen $z = \pm i$ zerfällt. Die Regelfläche 2. Ordnung ist ein einschaliges Drehhyperboloid, dessen Achse parallel zum Hauptstrahl der Kongruenz verläuft.

Eine reelle Kurve 2. Ordnung durch die Fundamentalpunkte der pseudoeuklidischen Ebene ist eine gleichseitige Hyperbel, deren Achsen parallel zu den Koordinatenachsen sind. Ihre Bildregelfläche in der hyperbolischen linearen Kongruenz (1,9) zerfällt in ein Strahlenhyperboloid, dessen horizontale Schnitte gleichseitige Hyperbeln sind, und in die beiden Ebenen $z = \pm 1$.

In der pseudoeuklidischen Ebene gibt es auch reelle nichtzerfallende Kurven 2. Ordnung, die nur einen Fundamentalpunkt enthalten.

Das sind solche Hyperbeln, die nur eine Minimalgerade zur Asymptote haben, sowie Parabeln, deren Achse mit einer Minimalgeraden zusammenfällt. Die Bildfläche einer solchen Kurve 2. Ordnung zerfällt in eine Regelfläche 3. Ordnung und in eine der Ebenen $z = \pm 1$.

In der elliptischen linearen Kongruenz (1,9) zerfallen also nur die Bildflächen von Kreisen, während in der hyperbolischen linearen Kongruenz

(1,9) (und auch in der parabolischen) die Bildflächen von Ellipsen (einschließlich Kreisen) nie zerfallen können.

4. Spezielle Bildflächen in der hyperbolischen linearen Kongruenz, auf denen Tetraeder liegen

Die der hyperbolischen linearen Kongruenz angehörenden Bildflächen von Kegelschnitten haben nach II,1. die Eigenschaft, daß durch jeden Punkt einer Leitgeraden zwei Erzeugende gehen. Durch einen Punkt A der Leitgeraden l_1 mögen die beiden Erzeugenden a_1 und a_2 gehen (Abb. 3, Kavalierperspektive). Sie schneiden die Leitgerade l_2 in B_1 und B_2. Durch B_1 geht außer a_1 noch die Erzeugende b_1, die die Leitgerade l_1 in C_1 schneiden möge; durch B_2 geht außer a_2 noch die Erzeugende b_2, die l_1 in C_2 schneiden möge. Im allgemeinen sind C_1 und C_2 voneinander verschieden. Man kann nun fragen, wann C_1 und C_2 zusammenfallen oder: Wann lassen sich auf den betrachteten Regelflächen der hyperbolischen Kongruenz je vier Erzeugende so zusammenfassen, daß sie zusammen mit den beiden Leitgeraden die Kanten eines Tetraeders bilden?

Es gilt nun: Liegen die Achsen eines gegebenen Kegelschnitts auf Minimalgeraden der pseudoeuklidischen Ebene, so bildet jede Erzeugende seiner Bildfläche in der hyperbolischen linearen Kongruenz zusammen mit drei weiteren Erzeugenden vier Kanten eines Tetraeders, dessen restliche beide Kanten die beiden Leitgeraden sind.

Beweis (Abb. 4): Zwei Minimalgeraden g_1, g_2 der einen Schar,

$$\eta = \xi + c_1, \quad \eta = \xi + c_2,$$

haben als Bilder die Ebenen (Kongruenzstrahlenbüschel) durch die Punkte $P_1(z = 1, x = y = c_1)$ und $P_2(z = 1, x = y = c_2)$ der Leitgeraden l_1. Zwei Minimalgeraden h_1, h_2 der anderen Schar,

$$\eta = -\xi + d_1, \quad \eta = -\xi + d_2,$$

haben die Ebenen durch die Punkte $Q_1(z = -1, y = -x = d_1)$ und $Q_2(z = -1, y = -x = d_2)$ auf l_2 als Bilder.

Die Eckpunktepaare A, B und C, D (A, D und B, C) des von den Minimalgeraden gebildeten Rechtecks sind die Bildpunkte zweier Kongruenzstrahlenpaare a, b und c, d (a, d und b, c), die je in einer Ebene durch l_2 (l_1) liegen, welche l_1 (l_2) in P_1 bzw. P_2 (Q_1 bzw. Q_2) trifft. Daher schneiden sich die vier Strahlen a, b, c, d zu je zweien in den Punkten

P_1, P_2 auf l_1 und Q_1, Q_2 auf l_2. Abbildung 4 a zeigt das Bildrechteck ABCD in der ξ-η-Ebene, Abbildung 4 b, c das ihm vermöge (1,24) in der Mittenebene der Kongruenz (x-y-Ebene) zugeordnete Rechteck und die zugehörigen Kongruenzstrahlenpaare a, b, c, d, und zwar zeigt Abbildung 4 b eine Normalprojektion auf die Mittenebene, Abbildung 4 c eine axonometrische Darstellung. Sollen nun solche Tetraeder auf der Bildfläche eines Kegelschnittes liegen, so müssen sich diesem Rechtecke so einbeschreiben lassen, daß ihre Seiten auf Minimalgeraden liegen. Dies ist nur möglich, wenn die Achsen des Kegelschnitts parallel zu den Rechtecksseiten sind, also selbst auf Minimalgeraden liegen. Dann ist durch jeden Punkt des Kegelschnitts ein Rechteck aus Minimalgeraden eindeutig bestimmt, so daß dessen drei andere Ecken ebenfalls auf dem Kegelschnitt liegen. Infolgedessen gehört jede Erzeugende der Bildfläche eines solchen Kegelschnitts genau einem Tetraeder als Kante an, dessen übrige Kanten drei weitere Erzeugende und die beiden Leitgeraden sind. Abbildung 5 zeigt die Bildfläche einer derartig durch ihre Lage ausgezeichneten Ellipse. Zwei der auf der Fläche liegenden Tetraeder sind eingezeichnet, eines von diesen wurde durch Schraffur hervorgehoben.

Die Bildflächen von Parabeln mit Minimalgeraden als Achsen zerfallen nach II,3. in eine Fläche 3. Ordnung und eine Ebene. Hier entarten die Tetraeder in solche mit dem Fernpunkt einer Leitgeraden als Eckpunkt.

Auf den Bildflächen in der elliptischen linearen Kongruenz lassen sich solche Tetraeder aus reellen Erzeugenden nicht angeben, da diese keine reellen Schnittpunkte haben. Nimmt man die imaginären Erzeugenden hinzu, so ergeben sich unter ähnlichen Bedingungen wie in der hyperbolischen linearen Kongruenz Tetraeder, auf denen jedoch nur zwei Kanten reelle Erzeugende sind.

III. Differentialgeometrische Eigenschaften der Bildflächen von Kegelschnitten

1. Singuläre Erzeugende

Allen Bildflächen (2,2) in der elliptischen und in der hyperbolischen linearen Kongruenz (1,9) ist der unendlich ferne Kongruenzstrahl als Doppelerzeugende gemeinsam (vgl. II,1.).

Nach I,3. sind die Torsalstrahlen die Bildstrahlen der Berührpunkte des Kegelschnitts mit den Minimalgeraden. Somit ergibt sich weiter:

Eine Regelfläche (2,2) besitzt vier Torsalstrahlen. Die zugehörigen Kuspidalpunkte liegen auf den Leitgeraden. Die in der elliptischen linearen Kongruenz liegenden Regelflächen (2,2) tragen keine reellen Torsalstrahlen, da die Kurven 2. Ordnung der euklidischen Ebene keine reellen Punkte mit Minimaltangenten besitzen. Die in der hyperbolischen linearen Kongruenz gelegenen Regelflächen unterscheiden sich noch nach der Anzahl der reellen Torsalstrahlen und Kuspidalpunkte. Ein Kuspidalpunkt trennt einen Bereich auf der Leitgeraden, durch den zwei reelle Erzeugende der Fläche verlaufen, von einem Bereich, durch den keine reellen Erzeugenden der Fläche gehen (isolierter Bereich).

Die <u>Bildflächen von Ellipsen</u> besitzen stets vier reelle Torsalstrahlen, die beiden Paare von Kuspidalpunkten begrenzen auf der zugehörigen Leitgeraden zwei endliche Strecken, durch die reelle Erzeugende der Fläche verlaufen. Die in Abbildung 5 dargestellte Regelfläche gehört zu diesem Typus. Ihre Kuspidalpunkte sind K_1, $\overline{K}_1$ auf l_1, K_2, $\overline{K}_2$ auf l_2. Jede reguläre Erzeugende der Fläche gehört einem der in II,4. definierten Tetraeder an. Dies gilt nicht für die Torsalstrahlen, da durch einen Kuspidalpunkt außer dem Torsalstrahl keine weitere Erzeugende verläuft.

Für die Torsalstrahlen der <u>Bildflächen von Hyperbeln</u> gibt es folgende Möglichkeiten:

a) Alle vier Torsalstrahlen sind reell;
b) alle vier Torsalstrahlen sind imaginär;
c) zwei Torsalstrahlen sind reell, zwei sind imaginär; dabei liegen die Kuspidalpunkte der beiden reellen Torsalstrahlen auf derselben Leitgeraden.

Welcher Fall vorliegt, hängt von der Lage der Minimalgeraden m_1, m_2 durch den Hyperbelmittelpunkt M zu den Asymptoten der abgebildeten Hyperbel ab.

Trennen die Minimalgeraden m_1, m_2 die Asymptoten nicht, so liegt Fall a) oder b) vor:

Schneiden m_1, m_2 die Hyperbel nicht reell, so gibt es zu jeder Minimalrichtung zwei reelle Tangenten an die Hyperbel (Abb. 6a). Die Bildfläche trägt dann vier reelle Torsalstrahlen.

Schneiden dagegen m_1 und m_2 beide die Hyperbel reell, so existieren keine reellen Tangenten mit diesen Richtungen an die Hyperbel (Abb. 6b). Dann sind auch alle Torsalstrahlen der Bildfläche imaginär.

Werden die Minimalgeraden m_1, m_2 durch die Asymptoten getrennt, so schneidet eine Minimalgerade die Hyperbel reell, die andere nicht (Abb. 6c). Die Bildfläche besitzt zwei reelle und zwei imaginäre Torsalstrahlen. Da die beiden reellen Tangenten einer Minimalgeradenschar angehören, liegen die Scheitel der entsprechenden Kongruenzstrahlenbüschel auf derselben Leitgeraden, d.h. die Kuspidalpunkte der beiden reellen Torsalstrahlen liegen beide auf derselben Leitgeraden.

Im Fall a) liegen wie bei Bildflächen von Ellipsen auf jeder Leitgeraden zwei Kuspidalpunkte. Jedoch stellt hier die jeweils endliche Strecke zwischen ihnen einen isolierten Bereich dar, während durch jeden Punkt des den Fernpunkt enthaltenden Bereichs der Leitgeraden zwei reelle Erzeugende gehen.

Im Fall b) gibt es keine reellen Kuspidalpunkte. Daher gehen durch jeden Punkt der Leitgeraden zwei reelle Erzeugende.

Im Fall c) stellt auf der Leitgeraden mit den beiden reellen Kuspidalpunkten die endliche Strecke zwischen diesen einen isolierten Bereich dar, während die andere Leitgerade in jedem Punkt von zwei reellen Erzeugenden geschnitten wird.

Eine Parabel hat aus jeder Schar von Minimalgeraden nur eine als reelle Tangente. Die <u>Bildfläche einer Parabel</u> besitzt also nur zwei reelle Torsalstrahlen, wobei auf jeder Leitgeraden ein Kuspidalpunkt liegt. Von diesem aus wird die Leitgerade in einer Richtung bis zum Fernpunkt von reellen Erzeugenden geschnitten, während sie in der anderen Richtung bis zum Fernpunkt nur isolierte Punkte trägt.

2. Das oskulierende Strahlenhyperboloid einer Erzeugenden

Nach I,3. stellt der in einem Punkt P der Kurve (2,1) oskulierende Kreis bzw. die oskulierende gleichseitige Hyperbel die Bildkurve der Regelfläche 2. Ordnung dar, die die Regelfläche (2,2) in dem P zugeordneten Strahl p oskuliert. Sie hat mit der Fläche (2,2) drei benachbarte Erzeugende gemeinsam.

In der euklidischen Ebene gibt es in allen reellen Punkten (2,1) einen (nicht ausgearteten) Krümmungskreis. Daher ist in jeder Erzeugenden der Bildfläche (2,2) von (2,1) in der elliptischen linearen Kongruenz ein nicht ausgeartetes Oskulationshyperboloid bestimmt. In den Erzeugenden von (2,2), welche den Scheitelpunkten von (2,1) entsprechen, hat das oskulierende Hyperboloid vier benachbarte Erzeugende mit der Bildfläche gemeinsam. Es gilt also: Die Bildfläche einer Ellipse in der elliptischen linearen Kongruenz besitzt stets vier, die Bildfläche einer Hyperbel zwei, die Bildfläche einer Parabel dagegen nur eine Scheitelerzeugende.

Für die Bildflächen in der hyperbolischen linearen Kongruenz gilt diese Aussage im allgemeinen nicht. Lediglich die Bildflächen von solchen Ellipsen bzw. Hyperbeln bzw. Parabeln, deren Achsen parallel zu den Achsenrichtungen der Hyperbeln durch die Fundamentalpunkte verlaufen, besitzen vier bzw. zwei bzw. eine Scheitelerzeugende.

In der pseudoeuklidischen Ebene entartet der Krümmungskreis für einen Punkt P, in dem eine Minimalgerade Tangente ist, in das Paar der Minimalgeraden durch diesen Punkt. Der Bildstrahl von P ist ein Torsalstrahl für die Bildfläche in der hyperbolischen linearen Kongruenz, sein oskulierendes Hyperboloid entartet in die Tangentialebene.

3. Konstruktion des Kehlpunktes einer Erzeugenden

Die Tangentialebene τ im Kehlpunkt S einer Erzeugenden e ist senkrecht zur Asymptotenebene α von e (s. z.B. [7]). Zwischen den Punkten von e und ihren Tangentialebenen besteht eine projektive Beziehung, die sogenannte Berührungskorrelation. Sie ist bestimmt, wenn die Berührungspunkte dreier Ebenen durch e oder die Berührungsebenen dreier Punkte auf e bekannt sind. Kennt man die Asymptotenebene, so ist auch die zu ihr senkrechte Tangentialebene durch e bekannt. Deren Berührungspunkt S, der mit Hilfe der Berührungskorrelation ermittelt werden kann, ist der Kehlpunkt von e.

Die Asymptotenebene α einer eigentlichen Erzeugenden e wird von dieser Erzeugenden e und der Tangente t_F an den Fernkegelschnitt im Fernpunkt F von e aufgespannt. Man bestimmt zunächst t_F und legt das Ebenenbüschel durch t_F. Diejenige Ebene des Büschels, die e enthält, ist die Asymptotenebene α. Indem man die Schnittgeraden der Ebenen des Büschels mit der Ebene z = 0 ermittelt, erhält man für die Richtung m der Spur s_α von α in der Ebene z = 0 den Wert

$$m = \frac{a_{11} \xi' + a_{12} \eta' + a_{13}}{a_{12} \xi' + a_{22} \eta' + a_{23}} .$$

Dabei bedeuten ξ', η' die Koordinaten des Bildpunktes D' von e. Der Durchstoßpunkt D von e mit der Ebene z = 0 hat nach (1,25) die Koordinaten $x' = \eta'$, $y' = -\varepsilon^2 \xi'$. Die Gleichung der Spurkurve der Regelfläche (2,2) mit der Ebene z = 0 läßt sich gemäß I,3. ermitteln.

Die Neigung m_1 der Tangente t_o der Spurkurve in D ist

$$m_1 = \frac{1}{\varepsilon^2 m}.$$

Also ist m und damit auch s_α bekannt.

Zur Ermittlung der zu α senkrechten Tangentialebene τ bestimmt man zunächst die Normalebene ν zu e in D sowie ihre Schnittgerade σ_α mit der Asymptotenebene. Die Senkrechte zu σ_α durch D in ν ist die Schnittgerade der gesuchten Tangentialebene τ mit ν. Sie bestimmt zusammen mit e die Ebene τ, so daß die Spur s_τ von τ in der Ebene z = 0 mit Methoden der Darstellenden Geometrie konstruiert werden kann.

Das Strahlenbüschel durch D ist perspektiv zum Büschel der Tangentialebenen durch e. Die Berührungskorrelation zwischen den Punkten von e und ihren Tangentialebenen hat eine projektive Beziehung zwischen der Punktreihe e und dem Strahlenbüschel durch D zur Folge. Von dieser Beziehung kennt man schon die Zuordnung folgender Elemente:

$$D \longleftrightarrow t_o, \quad F \longleftrightarrow s_\alpha.$$

Um den Berührpunkt S von τ mit e zu finden, braucht man noch die Tangentialebene in einem weiteren Punkt von e. In der hyperbolischen linearen Kongruenz bietet sich z.B. die Tangentialebene τ_E im Schnittpunkt E von e mit der Leitgeraden l_1 an. Die Tangentialebene τ_E hat l_1 als Höhenlinie, ihre Spur s_E in der Ebene z = 0 ist daher parallel zu l_1, so daß sich als dritte Punkt-Strahlenzuordnung ergibt:

$$E \longleftrightarrow s_E.$$

Nun läßt sich S mittels bekannter Konstruktionen der Projektiven Geometrie bestimmen als der Punkt auf e, der mit D, E, F dasselbe Doppelverhältnis hat wie der Strahl s_τ mit den Strahlen t_o, s_E, s_α.

In Abbildung 7a ist die Konfiguration in der hyperbolischen linearen Kongruenz axonometrisch dargestellt. Abbildung 7b gibt eine Normalprojektion auf die zugehörige x-y-Ebene. Die nach Methoden der Darstellenden Geometrie auszuführende Konstruktion von s_α und s_τ ist nicht eingetragen; die Hilfsgerade $\bar{e}$ wird parallel zu s_α so eingepaßt, daß ihre Schnittpunkte $\bar{D}$, $\bar{E}$ mit t_o und s_E den Abstand $\overline{DE}$ haben.

In der elliptischen linearen Kongruenz wählt man als dritte Tangentialebene zweckmäßig die im Punkte z = 1 auf e. Sie wird aufgespannt von e und der Tangente an den Kegelschnitt, der von der Ebene z = 1 aus (2,2) ausgeschnitten wird. Die weitere Konstruktion verläuft wie im Fall der hyperbolischen linearen Kongruenz.

4. Krümmungseigenschaften

Ist $\xi = \xi(u)$, $\eta = \eta(u)$ die Parameterdarstellung der Bildkurve, so ist die Vektorgleichung ihrer Bildfläche durch (1,26) gegeben. Zur Ermittlung des Gauß'schen Krümmungsmaßes

$$K = \frac{LN - M^2}{EG - F^2}$$

bestimmt man die zu (1,26) gehörigen Fundamentalgrößen

$$E = \xi'^2(v^2 + \varepsilon^4) + 2(1+\varepsilon^2) v \xi' \eta' + (1+v^2) \eta'^2 ,$$
$$F = (\eta' + v \xi')\xi + (\varepsilon^2 \xi' + v \eta') \cdot \eta , \qquad (3,1)$$
$$G = \xi^2 + \eta^2 + 1 ;$$

$$L = \frac{1}{W}(v^2 - \varepsilon^2)(\xi'' \eta' - \xi' \eta'') ,$$
$$M = \frac{1}{W}(\varepsilon^2 \xi'^2 - \eta'^2) , \qquad (3,2)$$
$$N = 0 .$$

Wegen

$$K = -\frac{(\varepsilon^2 \xi'^2 - \eta'^2)^2}{(EG - F^2)^2} \leq 0 \qquad (3,3)$$

gibt es keine elliptischen Flächenpunkte. Dies gilt sogar für die Bildregelflächen beliebiger ebener Kurven. Für die Bildflächen (2,2) von (2,1) setzt man zweckmäßig $\xi = u$. Damit erhält man

$$\eta = \eta(u) = -\frac{a_{12}u + a_{23}}{a_{22}} + \frac{1}{a_{22}} \sqrt{-A_{33}u^2 + 2A_{13}u - A_{11}} \qquad (3,4)$$

mit

$$A_{33} = a_{11}a_{22} - a_{12}^2, \quad A_{13} = a_{12}a_{23} - a_{13}a_{22}, \quad A_{11} = a_{22}a_{33} - a_{23}^2 .$$

Die Parameterlinien u = const sind die Erzeugenden, die Parameterlinien v = const die Höhenlinien der Fläche, also die aus (2,1) durch (1,24) entstehenden Kurven 2. Ordnung.

Damit erhält man

$$WL = \sqrt{(EG - F^2)}L = \eta''(\varepsilon^2 - v^2)$$
$$WM = \sqrt{(EG - F^2)}M = \varepsilon^2 - \eta'^2 \qquad (3,5)$$

und die entsprechenden Werte für E, F, G.

5. Die Asymptotenlinien

Die Differentialgleichung der Asymptotenlinien lautet wegen N = 0:

$$L\,du^2 + 2\,M\,du\,dv = 0. \qquad (3,6)$$

Die Kurven du = 0, die Erzeugenden, sind die erste Schar von Asymptotenlinien. Für die zweite Schar folgt wegen $d\eta' = \eta''du$ die Differentialgleichung

$$\frac{d(\eta')}{\eta'^2 - \varepsilon^2} = \frac{2\,dv}{\varepsilon^2 - v^2} \quad . \qquad (3,7)$$

Hieraus findet man $v = v(\eta')$ mit

$$\eta' = \frac{-a_{12}\sqrt{-A_{33}u^2 + 2A_{13}u - A_{11}} - A_{33}u + A_{13}}{a_{22}\sqrt{-A_{33}u^2 + 2A_{13}u - A_{11}}} \quad . \qquad (3,8)$$

α) Die hyperbolische lineare Kongruenz

Die Quadratur von (3,7) ergibt mit willkürlichem C

$$\frac{v+1}{v-1} = C\sqrt{\left|\frac{\eta'-1}{\eta'+1}\right|} \quad . \qquad (3,9)$$

Aus v = - 1 folgt η' = 1 für alle Werte von C, und aus v = + 1 folgt η' = - 1 für alle Werte von C.

Nun bedeutet v = - 1 Punkte der Leitgeraden l_1

und v = + 1 Punkte der Leitgeraden l_2 .

Aus η' = ± 1 ergeben sich je zwei Werte von u, d.h. je zwei Erzeugende der Fläche. Die zweite Schar von Asymptotenlinien besitzt demnach vier

Knotenpunkte, und zwar zwei auf jeder Leitgeraden. Diese Knotenpunkte fallen mit den Kuspidalpunkten zusammen. Denn die Punkte von (2,1), deren Bildstrahlen die durch $\eta' = \pm 1$ bestimmten Erzeugenden sind, haben Tangenten mit den Neigungen ± 1. Solche Tangenten sind aber Minimalgeraden, so daß die Bildstrahlen Torsalstrahlen der Fläche sind. Die Schnittpunkte der Torsalstrahlen mit den Leitgeraden sind die Kuspidalpunkte.

Es gilt also: Auf den Bildflächen von Kegelschnitten in der hyperbolischen linearen Kongruenz haben die Asymptotenlinien der zweiten Schar die Kuspidalpunkte als Knotenpunkte. Mit den Torsalstrahlen und den Leitgeraden haben sie keine weiteren Punkte gemeinsam.

Die Auflösung von (3,9) nach v ergibt

$$v(u) = \frac{C \cdot \sqrt{\left|\frac{\eta'-1}{\eta'+1}\right|} + 1}{C \cdot \sqrt{\left|\frac{\eta'-1}{\eta'+1}\right|} - 1} \qquad . \tag{3,10}$$

Da für die Wurzel beide Vorzeichen zu berücksichtigen sind, genügt es, für C positive Werte zu nehmen. Für $C = 0$ bzw. $1/C = 0$ erhält man $v = -1$ bzw. $v = +1$, d.h. die beiden Leitgeraden, die als auf der Fläche liegende Geraden natürlich auch Asymptotenlinien sind.

Für das negative Vorzeichen der Wurzel in (3,10) ist stets $|v| \leq 1$. Man erhält also die zwischen den beiden Leitgeraden verlaufenden Zweige der Asymptotenlinien.

Bei festgehaltenen Werten von C und u erhält man aus (3,10) zwei durch das Wurzelvorzeichen unterschiedene Werte für v; sie bestimmen die Schnittpunkte der Asymptotenlinie C = const mit der Erzeugenden. Eine Flächenerzeugende wird von jeder Asymptotenlinie in zwei Punkten geschnitten, und zwar werden diese Punkte S_1 und S_2 durch die Schnittpunkte der Erzeugenden mit den Leitgeraden voneinander getrennt. Die Parameterwerte v_+ und v_- von S_1 und S_2 sind durch die Beziehung

$$v_+ \cdot v_- = 1$$

miteinander verknüpft.

Es gilt also: Die Asymptotenlinien der Bildflächen von Kegelschnitten in der hyperbolischen linearen Kongruenz definieren auf jeder Erzeugenden eine (hyperbolische) Punktinvolution. Diese hat die Schnittpunkte der Erzeugenden mit den Leitgeraden zu Fixpunkten. Schneidet eine Asymptotenlinie eine Erzeugende im Punkt v = 0, so ist ihr zweiter Schnittpunkt mit der Erzeugenden deren Fernpunkt.

Für die Asymptotenlinien auf Regelflächen gilt folgender Satz von P. SERRET, s. z.B. [7]: Die Asymptotenlinien der zweiten Schar schneiden auf den Erzeugenden projektive Punktreihen aus.

Dieser Satz läßt sich an Hand von (3,10) leicht verifizieren. Sind drei Asymptotenlinien bekannt, so lassen sich auf Grund dieses Satzes beliebig viele weitere konstruieren. Man hat nur auf jeder Erzeugenden den Punkt zu suchen, dessen Doppelverhältnis mit den Schnittpunkten der drei gegebenen Asymptotenlinien konstant bleibt. Auf den Flächen der hyperbolischen linearen Kongruenz braucht man sich daher außer den Leitgeraden nur noch eine weitere Asymptotenlinie mit Hilfe von (3,10) zu verschaffen; alle weiteren lassen sich dann konstruieren.

Abbildung 8 zeigt die Bildfläche einer Ellipse mit Stücken von Asymptotenlinien, die auf diese Weise aus einer von ihnen bestimmt wurden. Dabei wurde das Doppelverhältnis mit Hilfe eines Papierstreifens übertragen. Als weitere Hilfe für das Einzeichnen einer Asymptotenlinie C dient die Tatsache, daß die Erzeugende durch den Scheitelpunkt von C mit der Ebene z = 0 für C eine Asymptote ist. In Abbildung 8 und in den folgenden Abbildungen sind die Umrißkurven der Flächen nicht eingezeichnet.

ß) Die elliptische lineare Kongruenz

Die Quadratur von (3,7) führt auf

$$\frac{2v}{1-v^2} = \frac{C - \eta'}{1+C\cdot\eta'} \quad . \tag{3,11}$$

Es ist nicht möglich, reelle Wertepaare v, η' zu finden, die (3,11) für beliebige C erfüllen. Es gibt also keine reellen Knotenpunkte für die Schar der Asymptotenlinien. Dagegen findet man die imaginären Knotenpunkte v = $\pm$ i, η' = $\mp$ i, die wieder mit den Kuspidalpunkten übereinstimmen.

Weiter gilt: Die Asymptotenlinien der Bildflächen von Kegelschnitten in der elliptischen linearen Kongruenz definieren auf jeder Erzeugenden eine (elliptische) Punktinvolution. Diese hat die Schnittpunkte der Erzeugenden mit den beiden konjugiert imaginären Leitgeraden zu Fixpunkten.

IV. Allgemeine Aussagen über die Bildflächenbüschel von Kegelschnittbüscheln

Im folgenden sollen unter Verwendung der in Kapitel II und III gewonnenen Ergebnisse solche Büschel von Regelflächen 4. Ordnung 1. Art in der elliptischen bzw. hyperbolischen linearen Kongruenz untersucht werden, die durch die in I,3. definierte Abbildung den Büscheln von Kurven 2. Ordnung in der (euklidischen bzw. pseudoeuklidischen) Ebene zugeordnet werden. Dabei wird für Kegelschnittbüschel die Abkürzung KS-Büschel gebraucht.

1. Projektive Klassifikation

Die vier Grundpunkte eines KS-Büschels haben vier Kongruenzstrahlen als Bilder, die allen Flächen des Bildbüschels als gemeinsame Erzeugende angehören. Sie werden als Grundstrahlen des Büschels bezeichnet. Außerdem haben die Büschelflächen die Leitgeraden und die doppeltzählende Ferngerade der Kongruenz gemeinsam.

Die (bekannte) projektive Einteilung der KS-Büschel führt zu einer entsprechenden Einteilung der Bildflächenbüschel, indem an Stelle des Wortes "Grundpunkt" das Wort "Grundstrahl" gesetzt wird. Auf die Aufzählung der verschiedenen Fälle kann daher verzichtet werden.

Die Bildflächen der in jedem KS-Büschel enthaltenen Geradenpaare zerfallen nach II,1. in je zwei hyperbolische Paraboloide.

Für die projektive Einteilung der KS-Büschel sind die verschiedenen Kegelschnittypen ohne Bedeutung. Daher gibt diese Einteilung keinen Aufschluß über die Flächentypen, die in einem Büschel enthalten sind. Dies leistet erst die affine Unterteilung.

Im folgenden soll noch das Verhalten der Büschelflächen in einem mehrfachen Grundstrahl untersucht werden. Ist der Grundstrahl zweifach zu zählen, so haben irgend zwei Flächen des Büschels zwei benachbarte Erzeugende gemeinsam, die in dem Grundstrahl zusammenfallen. In jedem Punkt des Grundstrahls ist allen Flächen die Tangentialebene gemeinsam. Nun folgt aus den Überlegungen in III,3.:

Berühren sich zwei Regelflächen f_1, f_2 längs einer Erzeugenden e, so besitzt e auf beiden Flächen denselben Kehlpunkt S.

Weiter läßt sich aus (3,3) folgern, daß f_1, f_2 in jedem Punkt von e dieselbe Gaußsche Krümmung besitzt.

Dann besitzen sie auf Grund der Formel von LAMARLE (vgl. z.B. [7]) längs e auch denselben Drall.

Daher gilt: In einem (mindestens) zweifachen Grundstrahl e haben alle Büschelflächen denselben Drall und auf e denselben Kehlpunkt S, so daß das Büschel der Kehllinien aller Büschelflächen in S einen Knotenpunkt hat. Ferner haben alle Büschelflächen in jedem Punkt von e dieselbe Gaußsche Krümmung K.

Der Bildstrahl eines dreifachen Grundpunktes ist ein dreifacher Grundstrahl des Flächenbüschels. Im dreifach zählenden Grundpunkt haben die Kegelschnitte einen gemeinsamen Oskulationskegelschnitt (Kreis in der euklidischen, gleichseitige Hyperbel in der pseudoeuklidischen Ebene). Daher haben die Flächen des Bildbüschels in dem dreifach zählenden Grundstrahl e ein gemeinsames Oskulationshyperboloid. Alle Büschelflächen haben längs e dieselben Schmiegtangenten, da diese die zweite Erzeugendenschar des gemeinsamen Oskulationshyperboloids bilden. Daher haben auch in jedem Punkte von e die Krümmungslinien aller Büschelflächen dieselben Tangenten, da ja bekanntlich die Hauptkrümmungsrichtungen die beiden Winkel der Haupttangentenrichtungen halbieren.

Schließlich bleibt noch der Fall, daß alle vier Grundstrahlen in einem vierfach zählenden Strahl zusammenfallen. Hier gelten dieselben Aussagen bezüglich Kehlpunkt, Drall, Gaußscher Krümmung, Asymptoten- und Hauptkrümmungsrichtungen längs e wie beim dreifachen Grundstrahl. Nun ist durch vier windschiefe Geraden eine lineare Kongruenz bestimmt[2]. Läßt man vier Erzeugende einer Regelfläche in eine zusammenrücken, so geht diese lineare Kongruenz in eine solche über, die die Fläche längs der Grenzerzeugenden oskuliert.

Die Flächen eines Büschels mit einem vierfachen Grundstrahl e haben also in diesem die oskulierende lineare Kongruenz gemeinsam. Diese ist natürlich mit der linearen Kongruenz identisch, in der alle Büschelflächen liegen. Die letzte Aussage ist zwar für Bildflächenbüschel, die einer linearen Kongruenz angehören, trivial, jedoch lassen sich die Untersuchungen auf Flächenbüschel in algebraische Strahlenkongruenzen höherer Ordnung ausdehnen; für diese ist eine oskulierende lineare Kongruenz von Bedeutung.

---

2. S. z.B. R. STURM, Die Gebilde ersten und zweiten Grades der Liniengeometrie, 1892, Teil I, S. 414.

2. Affine Klassifikation

Eine weitere Einteilung der Flächenbüschel ergibt sich aus der affinen Einteilung der KS-Büschel. Diese enthält zunächst die gesamte projektive Einteilung. Die weitere Fallunterscheidung ergibt sich daraus, ob einer oder mehrere Grundpunkte auf der Ferngeraden der Bildebene liegen. Die Bildflächenbüschel unterscheiden sich dann wesentlich durch das Verhalten ihrer Doppelerzeugenden sowie durch die mögliche Anzahl reeller Torsalstrahlen.

Eine vollständige affine Einteilung der KS-Büschel findet sich z.B. in [5]. Danach ergibt sich folgende Einteilung der Flächenbüschel:

a) Alle vier Grundpunkte des KS-Büschels sind eigentlich. Die vier Grundstrahlen des Bildflächenbüschels sind dann ebenfalls eigentlich. Es sind dabei noch zwei Fälle zu unterscheiden:

α) Das KS-Büschel enthält unendlich viele Ellipsen und Hyperbeln sowie zwei Parabeln. Das Bildflächenbüschel $\mathcal{B}$ enthält demnach Bildflächen von Ellipsen, Parabeln und Hyperbeln (Kap. II, 1,2 und III,1,2). Insbesondere gehören zum Büschel zwei Flächen, die die Ferngerade als Rückkehrerzeugende haben. Eine Fläche in einem Bildflächenbüschel der elliptischen linearen Kongruenz kann in ein Strahlenhyperboloid und die beiden Ebenen $z = \pm i$ zerfallen.

β) Das KS-Büschel enthält nur Hyperbeln. Dann enthält $\mathcal{B}$ nur Flächen, die die Ferngerade der jeweiligen Kongruenz als nicht isolierte Doppelerzeugende besitzen. Flächen mit der Ferngeraden als Rückkehrerzeugende fehlen.

In der hyperbolischen linearen Kongruenz enthält $\mathcal{B}$ im allgemeinen zwei Flächen, die je in eines der Parallelstrahlenbüschel in den Ebenen $z = +1$ oder $z = -1$ und eine Restfläche dritter Ordnung zerfallen. (Sonderfall: Statt der beiden zerfallenden Flächen gehört zum Büschel eine Fläche, die in ein Strahlenhyperboloid und die beiden Ebenen $z = \pm 1$ zerfällt.) Die Flächen aus $\mathcal{B}$ können null, zwei oder vier reelle Torsalstrahlen tragen, was im einzelnen von der Lage der Hyperbeln des KS-Büschels zu den pseudoeuklidischen Minimalgeraden abhängt.

In der elliptischen linearen Kongruenz kann keine der Flächen von $\mathcal{B}$ zerfallen. Alle Flächen besitzen zwei reelle Scheitelerzeugende.

b) Ein Grundpunkt des KS-Büschels liegt auf der Ferngeraden.

α) Dieser Grundpunkt zähle einfach. Das KS-Büschel enthält dann eine Parabel und unendlich viele Hyperbeln.

Das Bildbüschel $\mathscr{L}$ hat die Ferngerade der Kongruenz als einfachen Grundstrahl. Die Ferngerade ist außerdem wie für alle Büschel gemeinsame Doppelerzeugende d aller Flächen. Die Tangentialebenen in den Punkten von d sind die Parallelebenen z = c. Die Berührpunkte einer solchen Ebene sind die beiden Fernpunkte des von z = c aus der Fläche ausgeschnittenen Kegelschnitts. Das Flächenbüschel mit d als Grundstrahl hat zu Höhenlinien ein Büschel von Kegelschnitten, die einen gemeinsamen Fernpunkt haben, während ihre zweiten Fernpunkte voneinander verschieden sind. Der gemeinsame Fernpunkt ist der gemeinsame Berührpunkt aller Flächen von $\mathscr{L}$ mit der Ebene z = c. Bezeichnet man die beiden Teile der Flächen, die sich längs der Doppelerzeugenden d durchdringen, als Flächenmäntel $\mathcal{M}_1$ und $\mathcal{M}_2$, so gilt: Die Mäntel $\mathcal{M}_1$ der Büschelflächen berühren einander längs d, die Mäntel $\mathcal{M}_2$ jedoch nicht.

Für die Typen der im Büschel enthaltenen Flächen gilt: Eine Fläche von $\mathscr{L}$, nämlich die Bildfläche der Parabel, hat die Ferngerade, also einen Grundstrahl, als Rückkehrerzeugende.

In der hyperbolischen linearen Kongruenz haben alle übrigen Flächen von $\mathscr{L}$ entweder keine oder zwei oder vier reelle Torsalstrahlen, je nach der Lage der Hyperbeln des KS-Büschels zu den Minimalgeraden. Zwei der Flächen zerfallen in das Parallelstrahlenbüschel in der Ebene z = 1 bzw. z = - 1 und in eine Restfläche 3. Ordnung.

In der elliptischen linearen Kongruenz zerfällt keine der Flächen von $\mathscr{L}$. Alle Flächen besitzen zwei reelle Scheitelerzeugende, ausgenommen die Bildfläche der Parabel, die nur eine trägt.

β) Der eine Grundpunkt auf der Ferngeraden zählt mehrfach. Dabei sei jedoch die Ferngerade keine gemeinsame Tangente der Kegelschnitte des Büschels. Dieses enthält dann nur Hyperbeln mit einer gemeinsamen Asymptote, keine Parabeln und Ellipsen.

Die Flächen des Bildbüschels $\mathscr{L}$ besitzen die Ferngerade als mehrfachen Grundstrahl. Die eine Schar der Mäntel der Büschelflächen berührt sich längs der Doppelerzeugenden, die andere Schar dagegen nicht. Die einander berührenden Mäntel haben ein hyperbolisches Paraboloid als gemeinsame Berührfläche 2. Ordnung längs der Fernerzeugenden. Es ist die Bildfläche der gemeinsamen Asymptote des KS-Büschels.

Bezüglich der Torsalstrahlen, Scheitelerzeugenden und zerfallenden Flächen gilt dasselbe wie unter α). Nur fehlt hier die Bildfläche mit der Rückkehrerzeugenden. Die Anzahl der restlichen eigentlichen Grundstrahlen ergibt sich aus der Vielfachheit der mehrfachen Doppelerzeugenden.

γ) Der eine Grundpunkt des KS-Büschels auf der Ferngeraden zähle mehrfach, und die Ferngerade sei Tangente an alle Kegelschnitte des Büschels. Dieses enthält dann nur Parabeln. Demnach enthält das Bildbüschel nur Flächen, die die Fernerzeugende als Rückkehrerzeugende haben, längs der sich alle Flächen berühren.

In der hyperbolischen linearen Kongruenz besitzt jede Büschelfläche zwei reelle Torsalstrahlen, in der elliptischen trägt jede Fläche eine Scheitelerzeugende.

c) Schließlich können auf der Ferngeraden zwei getrennte Grundpunkte des KS-Büschels liegen, die auch mehrfach sein können. Dann kann die Ferngerade nicht gemeinsame Tangente der Kegelschnitte des Büschels sein. Sind die beiden uneigentlichen Grundpunkte reell, so enthält das KS-Büschel nur Hyperbeln.

Die Flächen des Bildbüschels haben die Doppelerzeugende als Grundstrahl, so daß sich längs ihr irgend zwei Büschelflächen in beiden Mänteln berühren.

Sind schließlich die beiden Grundpunkte auf der Ferngeraden imaginär, so enthält das KS-Büschel nur Ellipsen. Das Flächenbüschel $\mathcal{L}$ hat die Ferngerade der Kongruenz als mindestens doppeltzählende Doppelerzeugende zum Grundstrahl. Längs ihr berühren sich die Büschelflächen im Imaginären, so daß die Ferngerade als isolierter Grundstrahl erscheint.

In der hyperbolischen linearen Kongruenz besitzen alle Flächen von $\mathcal{L}$ vier reelle Torsalstrahlen, in der elliptischen gibt es auf jeder Fläche vier reelle Scheitelerzeugende.

3. Flächenbüschel, die sich aus Kegelschnittbüscheln besonderer Lage ergeben

Es sollen noch einige spezielle Büscheltypen kurz behandelt werden, die sich aus KS-Büscheln in spezieller Lage zu den Fundamentalpunkten der Bildebene ergeben.

a) In der hyperbolischen linearen Kongruenz:
KS-Büschel mit Grundpunkten auf der Ferngeraden der pseudoeuklidischen Ebene:

Ist ein uneigentlicher Grundpunkt einer der (reellen) absoluten Punkte, so zerfallen alle Flächen des Bildbüschels $\mathcal{B}$ in eine der Ebenen $z = +1$ oder $z = -1$ und eine Restfläche 3. Ordnung. Es liegt also im wesentlichen nur noch ein Büschel von Flächen 3. Ordnung vor.

Liegen auf der Ferngeraden zwei Grundpunkte und fallen diese mit den absoluten Punkten zusammen, so zerfällt jede Fläche von $\mathcal{B}$ in ein Strahlenhyperboloid und die beiden Parallelstrahlenbüschel der Kongruenz. Das Büschel $\mathcal{B}$ entartet also im wesentlichen in ein spezielles F_2-Büschel, dessen Schnittgebilde mit den Ebenen $z = c$ wieder Büschel von pseudoeuklidischen Kreisen sind.

Sind alle Grundpunkte eigentlich, so ergeben sich spezielle Flächenbüschel, wenn die Grundpunkte so liegen, daß die Achsen aller Kegelschnitte des KS-Büschels auf Minimalgeraden der pseudoeuklidischen Ebene fallen. Dann lassen sich nämlich nach II,4. auf allen Flächen von $\mathcal{B}$ die Erzeugenden zu je vieren zu einem Tetraeder zusammenfassen. Dies ist z.B. dann der Fall, wenn die vier Grundpunkte reell und verschieden sind und so liegen, daß sie ein Rechteck aus Minimalgeraden bilden. Dann bilden schon die Grundstrahlen ein Tetraeder, das allen Flächen angehört (vgl. II,4.). Bilden die vier Grundpunkte ein gleichschenkliges Trapez, dessen Parallelseiten auf Minimalgeraden liegen, so liegen die Achsen aller Kegelschnitte des Büschels ebenfalls auf Minimalgeraden. Alle Flächen des Bildbüschels sind aus Tetraedern zusammengesetzt. Jedoch bilden hier die Grundstrahlen von $\mathcal{B}$ kein Tetraeder. Die entsprechenden Sonderfälle bei mehrfachen Grundpunkten sollen hier nicht behandelt werden.

b) In der elliptischen linearen Kongruenz:
Fällt ein uneigentlicher Grundpunkt mit einem imaginären Kreispunkt in der euklidischen Bildebene zusammen, so ist auch der andere imaginäre Kreispunkt ein Grundpunkt, und das KS-Büschel ist ein Kreisbüschel. Dann zerfallen alle Flächen des Bildbüschels in Strahlenhyperboloide und die Ebenen $z = \pm i$. Es bleibt also im wesentlichen noch ein F_2-Büschel, dessen horizontale ebene Schnitte wieder Kreisbüschel sind.

Die Frage nach den Büscheln, auf deren Flächen Tetraeder liegen, hat hier keine Bedeutung.

4. Übertragung eines Satzes über Kegelschnittbüschel auf die Flächenbüschel

Mit Hilfe der Abbildung läßt sich eine Aussage über einen Zusammenhang zwischen den Kongruenzstrahlenbüscheln und den durch KS-Büschel definierten Flächenbüscheln machen.

In der projektiven Geometrie der KS-Büschel gilt bekanntlich folgender Satz (vgl. [5] S. 251): Ein KS-Büschel schneidet jede Gerade, die keinen seiner Grundpunkte enthält, in den Punktepaaren einer Involution.

Liegt ein solches KS-Büschel $\mathcal{R}$ in der pseudoeuklidischen Ebene vor, so ist ihm in der hyperbolischen linearen Kongruenz ein Büschel von Regelflächen zugeordnet, dessen Schnitt mit der Mittenebene der Kongruenz (x-y-Ebene) ein Kegelschnittbüschel $\mathcal{R}'$ ergibt. Seine Gleichung findet man aus der Gleichung von $\mathcal{R}$ mit Hilfe von (1,24) mit $\gamma = 0$, $\varepsilon^2 = +1$. Nun schneiden die Kongruenzstrahlenbüschel die x-y-Ebene in Punktreihen mit den Trägergeraden $y = x + c$ bzw. $y = -x + d$. Auf jeder dieser Geraden wird aber durch das KS-Büschel $\mathcal{R}'$ eine Punktinvolution ausgeschnitten. Da die genannten Punktreihen perspektiv zu den Kongruenzstrahlenbüscheln sind, ist damit auf diesen eine Strahleninvolution definiert. Dabei sind jeweils die beiden Strahlen einander zugeordnet, die von einer Fläche aus $\mathcal{L}$ aus dem Kongruenzstrahlenbüschel ausgeschnitten werden. Die Fixpunkte der Involution auf einer Geraden $y = \pm x + c$ sind die Berührpunkte der Geraden mit zwei Kegelschnitten aus $\mathcal{R}'$. Diese Berührpunkte gehen bei der Abbildung in Torsalstrahlen der Bildflächen über; diese sind also die Fixstrahlen der Strahleninvolution in dem der betreffenden Geraden zugeordneten Strahlenbüschel. Der Bedingung, daß die Gerade der Ebene nicht durch einen Grundpunkt des KS-Büschels gehen darf, entspricht in der Kongruenz die Bedingung, daß das betrachtete Kongruenzstrahlenbüschel keinen Grundstrahl des Flächenbüschels enthalten darf.

Also gilt: Die durch die Abbildung von KS-Büscheln erhaltenen Flächenbüschel $\mathcal{L}$ in der hyperbolischen linearen Kongruenz schneiden jedes Kongruenzstrahlenbüschel, das keinen der vier Grundstrahlen von $\mathcal{L}$ enthält, in den Strahlenpaaren einer Strahleninvolution. Die Fixstrahlen dieser Involution sind Torsalstrahlen auf den beiden Flächen von $\mathcal{L}$, denen sie angehören.

Läßt man imaginäre Elemente zu, so gilt dieser Satz auch für die Bildflächenbüschel in der elliptischen linearen Kongruenz. Nur wird er hier zu einer Aussage über die imaginären Kongruenzstrahlenbüschel und die imaginären Torsalstrahlen der Fläche.

V. Diskussion der Bildflächenbüschel einiger spezieller Kegelschnittbüschel

Die Ergebnisse aus Kapitel II bis IV sollen nun angewandt werden auf einige Büschel von Regelflächen 4. Ordnung 1. Art, deren zugeordnete Kegelschnittbüschel in der Bildebene bei der nomographischen Darstellung gewisser Funktionensysteme als Skalenträger auftreten. Dabei ergeben sich interessante Zusammenhänge mit früher mitgeteilten Untersuchungen [8], [9].

1. Büschel mit einem dreifachen und einem einfachen Grundstrahl

Gegeben sei das Kegelschnittbüschel mit der Gleichung

$$\xi_1^2 + \xi_2^2 + \lambda \xi_1 \xi_2 - 2 \xi_2 \xi_3 = 0 ; \qquad (5,1)$$

dabei ist λ der Büschelparameter. Der Punkt P_1 (0:0:1) ist ein dreifach, der Punkt P_2 (0:2:1) ein einfach zu zählender Grundpunkt. In P_1 haben alle nichtzerfallenden Kurven des Büschels eine Berührung 2. Ordnung. Das Geradenpaar $\xi_1 = 0$, $\xi_2 = 0$ (Parameterwert $\frac{1}{\lambda} = 0$) stellt den zerfallenden Kegelschnitt des Büschels dar. Die nichtzerfallenden Kurven des Büschels sind (reelle) Ellipsen für $|\lambda| < 2$, Hyperbeln für $|\lambda| > 2$, zwei Parabeln für $\lambda = \pm 2$. Für $\lambda = 0$ ergibt sich ein Kreis; er ist der (euklidische) Krümmungskreis aller Büschelkurven in P_1. Die Achsen der nichtzerfallenden Büschelkurven liegen auf zwei pseudoeuklidischen Minimalgeraden.

Abbildung 9 zeigt eine Darstellung des Büschels. Seine Kurven treten auf als Träger der Skalen für x und für y bei der nomographischen Darstellung der Funktion $aw^2 + z^2 = 1$, z und w komplexe Veränderliche, sowie des Funktionensystems

$$F(u,v,x,y) \equiv x^2 + y^2 + a(u^2 + v^2) + 1 = 0$$
$$G(u,v,x,y) \equiv xy + a u v = 0$$

(vgl. hierzu [8], Abb. 11 und [9], Abb. 3).

a) Das Bildflächenbüschel in der hyperbolischen linearen Kongruenz

Die Grundstrahlen des Flächenbüschels sind der (dreifach zu zählende) Hauptstrahl $x = y = 0$ der Kongruenz und die Gerade $y = 2z$, $x = 2$ als einfacher Grundstrahl. Nach (1,21) erhält man als Gleichung des Flächenbüschels:

$$(xz - y)^2 + (x - yz)^2 + 2(x-yz)(z^2 - 1) + \lambda (xz - y)(x - yz) = 0 . \tag{5,2}$$

Die Bildflächen von Ellipsen besitzen vier reelle Torsalstrahlen. Es sind die Bildstrahlen der vier Scheitel der abgebildeten Ellipsen.

Die Bildflächen von Hyperbeln besitzen zwei reelle und zwei konjugiert imaginäre Torsalstrahlen; denn die abgebildeten Hyperbeln besitzen zwei reelle Tangenten aus jeweils derjenigen Schar von Minimalgeraden, der die nicht reell schneidende Hyperbelachse angehört. Für die Flächen mit $\lambda > 2$ liegen die beiden reellen Kuspidalpunkte auf der Leitgeraden l_1, für die Flächen mit $\lambda < -2$ auf der Leitgeraden l_2.

(Die Bildflächen der beiden Parabeln zerfallen in zwei Flächen 3. Ordnung und die Ebenen $z = +1$ bzw. $z = -1$ (vgl. II,3.). Der einzige Torsalstrahl ist jeweils der Bildstrahl des Parabelscheitels.) Schließlich gehören dem Flächenbüschel zwei je dreifach zu zählende (gleichseitige) hyperbolische Paraboloide als zerfallende Bildflächen des Geradenpaares $\xi = 0$, $\eta = 0$ an. Dazu rechnen noch die Ebenen $z = \pm 1$. Ihre Gleichungen ergeben sich nach (1,21) zu $y = xz$ und $x = yz$.

Das KS-Büschel (5,1) zeichnet sich durch folgende Symmetrieeigenschaft aus: Die beiden zu $\lambda = +k^2$ und $\lambda = -k^2$ gehörigen Kegelschnitte gehen durch Spiegelung an der η-Achse auseinander hervor. Daraus ergibt sich folgende Symmetrieeigenschaft des Flächenbüschels: Die Flächen mit $\lambda = -k^2$ gehen aus denen mit $\lambda = +k^2$ hervor durch die Transformation

$$x = x' , \quad y = -y' , \quad z = -z' . \tag{5,3}$$

Die Transformation (5,3) bedeutet eine gewöhnliche Drehung des Raumes um 180° um die x-Achse. Also entspricht der Symmetrie des KS-Büschels eine Symmetrie des Bildflächenbüschels derart, daß die Flächen für $\lambda = -k^2$ aus denen für $\lambda = +k^2$ durch (5,3) hervorgehen. Die Bildfläche des Kreises mit $\lambda = 0$ geht durch (5,3) in sich selbst über, wobei die Erzeugenden untereinander vertauscht werden.

Eine weitere Eigenschaft der Büschelflächen ergibt sich daraus, daß die Achsen aller Kegelschnitte des KS-Büschels auf pseudoeuklidischen Minimalgeraden liegen. Daher lassen sich nach II,4. auf jeder Fläche die Erzeugenden so zu je vieren zusammenfassen, daß sie mit den Leitgeraden die Kanten von Tetraedern bilden.

Längs des dreifachen Grundstrahls besitzen alle Büschelflächen ein gemeinsames oskulierendes Hyperboloid als Bildfläche des pseudoeuklidischen Kreises, der alle Kegelschnitte des KS-Büschels in $\xi = \eta = 0$ oskuliert. Es hat die Gleichung

$$x^2 - y^2 + 2x - 2yz = 0 . \qquad (5,4)$$

Es gehört nicht dem Büschel an, hat vielmehr mit jeder Büschelfläche eine von Fläche zu Fläche verschiedene weitere Erzeugende gemeinsam.

Alle Büschelflächen besitzen auf dem dreifachen Grundstrahl denselben Kehlpunkt, und zwar ist dies, wie man mit Hilfe der Überlegungen in III,3. zeigt, der Punkt $x = y = z = 0$. Für den Drall d ergibt sich $d = -1$, für die Gaußsche Krümmung in den Punkten des dreifach zählenden Grundstrahls $K = -1/(1+v^2)^2$, dabei hat v die Bedeutung wie in (1,26).

Abbildung 10 zeigt die Bildfläche zu $\lambda = 2$. Sie ist in eine Regelfläche 3. Ordnung und eine Ebene zerfallen. Es sind von einigen Asymptotenlinien Teilstücke eingezeichnet (stark ausgezogene Kurven).

b) Das Bildflächenbüschel in der elliptischen linearen Kongruenz

Die Grundstrahlen sind dieselben wie unter a). Die Gleichung des Flächenbüschels ist

$$(xz - y)^2 + (x + yz)^2 - 2(x + yz)(z^2 + 1) - \lambda(xz - y)(x + yz) = 0. \qquad (5,5)$$

Für $1/\lambda = 0$ erhält man die beiden hyperbolischen Paraboloide

$$y = xz, \quad x = -yz ,$$

die die z-Achse als gemeinsame Erzeugende haben.

Die Bildfläche zu $\lambda = 0$ zerfällt in die Ebenen $z = \pm i$ und das Strahlenhyperboloid

$$x^2 + y^2 - 2x - 2yz = 0 .$$

Dieses ist gleichzeitig das oskulierende Hyperboloid aller übrigen Büschelflächen im dreifach zählenden Grundstrahl. Im Gegensatz zu dem in der hyperbolischen Kongruenz gehört es dem Büschel an. Aus der Symmetrie des KS-Büschels folgt wieder die durch (5,3) gekennzeichnete Symmetrieeigenschaft für das Flächenbüschel. Die Torsalstrahlen sind auf allen Flächen imaginär. Dagegen gibt es nach III,2. Scheitelerzeugende. Es sind die Bildstrahlen der Scheitel der abgebildeten Kegelschnitte, also der Punkte, die in der hyperbolischen Kongruenz die Torsalstrahlen als Bilder haben. Alle Büschelflächen besitzen auf dem dreifachen Grundstrahl denselben Kehlpunkt. (Für den Drall dieses Grundstrahles ergibt sich d = + 1, für die Gaußsche Krümmung derselbe Wert wie unter a.)

In Abbildung 11 sind die Bildflächen zu $\lambda = 1$ und $\lambda = 4$ gemeinsam axonometrisch dargestellt. Die Grundstrahlen des Flächenbüschels sind durch Schraffur hervorgehoben.

2. Büschel mit zwei einfachen reellen und zwei konjugiert komplexen Grundstrahlen

Gegeben sei in der Bildebene das KS-Büschel mit der Gleichung
(λ ist der Büschelparameter):

$$\xi^2[(d_1-d_2)^2 + c_2^2 - c_1^2] + 2(d_1-d_2)\xi\eta + \eta^2 + 2\xi[c_1^2-d_1^2+d_1d_2] +$$

$$- 2 d_1\eta + (d_1^2-c_1^2) + 3 c_1c_2 \xi (1-\xi) \lambda = 0 . \qquad (5,6)$$

Durch die Transformation

$$\xi = \frac{\eta_1}{\xi_1 + \eta_1}, \qquad \eta = - \frac{1}{\xi_1 + \eta_1} \qquad (5,7)$$

wird diesem KS-Büschel ein neues mit der Gleichung

$$\xi_1^2(d_1^2-c_1^2) + 2 d_1d_2 \xi_1 \eta_1 + \eta_1^2 (d_2^2+c_2^2) + 2 d_1 \xi_1 + 2 d_2 \eta_1 + 1 +$$

$$+ 3 c_1c_2 \lambda \xi_1 \eta_1 = 0 \qquad (5,8)$$

zugeordnet. Die Konstanten c_i, d_i können willkürlich gewählt werden mit der Einschränkung $c_i \neq 0$. Jedes Büschel (5,6) bzw. (5,8) hat zwei reelle und zwei konjugiert imaginäre Grundpunkte. Für die weiteren Überlegungen wird noch $d_1 = d_2 = 0$ gesetzt. Man erhält dann für die Koordinaten der Grundpunkte

$P_1(0, c_1)$; $P_2(0, -c_1)$; $P_3(1, c_2 \cdot i)$; $P_4(1, -c_2 \cdot i)$ für (5,6)

$P_1(-\frac{1}{c_1}, 0)$; $P_2(\frac{1}{c_1}, 0)$; $P_3(0, \frac{-1}{c_2 i})$; $P_4(0, \frac{1}{c_2 i})$ für (5,8).

Die Abbildungen 12 und 13 zeigen Darstellungen der Büschel (5,6) und (5,8) für $c_1 = c_2 = 1$, $d_1 = d_2 = 0$.

Den Büscheln (5,6) bzw. (5,8) sind durch die Abbildung zwei Büschel von Regelflächen 4. Ordnung mit den Gleichungen

$$(\varepsilon^2 x_1 x_4 - x_2 x_3)^2 + (-c_1^2 + c_2^2 - 3 c_1 c_2 \lambda)(x_1 x_3 - x_2 x_4)^2 +$$
$$- 2 c_1 (c_1 + 3/2 c_2 \lambda)(x_1 x_3 - x_2 x_4)(x_3^2 - \varepsilon^2 x_4^2) - c_1^2 (x_3^2 - \varepsilon^2 x_4^2)^2 = 0$$

(5,9)

bzw.

$$c_2^2 (\varepsilon^2 x_1 x_4 - x_2 x_3)^2 - c_1^2 (x_1 x_3 - x_2 x_4)^2 +$$
$$+ 3 c_1 c_2 \lambda (\varepsilon^2 x_1 x_4 - x_2 x_3)(x_1 x_3 - x_2 x_4) + (x_3^2 - \varepsilon^2 x_4^2)^2 = 0$$

(5,10)

zugeordnet.

Die Grundpunkte der KS-Büschel transformieren sich in zwei reelle Grundstrahlen g_1, g_2 und zwei konjugiert imaginäre Grundstrahlen g_3, g_4. Ihre Plückerschen Linienkoordinaten sind

$g_1(-c_1^2 : -c_1 : 0 : 1 : -c_1 : 0)$, $g_2(-c_1^2 : c_1 : 0 : 1 : c_1 : 0)$,

$g_3((c_2^2 + \varepsilon^2) : -c_2 i : \varepsilon^2 : 1 : -c_2 i : -1)$, $g_4((c_2^2 + \varepsilon^2) : c_2 i : \varepsilon^2 : 1 : c_2 i : -1)$

für das Flächenbüschel (5,9) bzw.

$g_1(\varepsilon^2/c_1^2 : 0 : -\varepsilon^2/c_1 : 1 : 0 : 1/c_1)$, $g_2(\varepsilon^2/c_1^2 : 0 : \varepsilon^2/c_1 : 1 : 0 : -1/c_1)$,

$g_3(1/c_2^2 : -i/c_2 : 0 : 1 : -i/c_2 : 0)$, $g_4(1/c_2^2 : i/c_2 : 0 : 1 : i/c_2 : 0)$

für das Flächenbüschel (5,10).

Es geht zwar das Kurvenbüschel (5,6) durch (5,7) in (5,8) über. Jedoch entspricht dieser projektiven Transformation der Bildebene keineswegs eine projektive Transformation der Kongruenz in sich, denn die projektive Transformation läßt die Fundamentalpunkte der (euklidischen bzw.

pseudoeuklidischen) Metrik in der Bildebene nicht invariant. Daher sind
die beiden Flächenbüschel (5,9) und (5,10) projektiv verschieden. Der
projektiven Transformation (5,7) entspricht in der linearen Kongruenz
die quadratische Transformation

$$-\varrho^2 \bar{p}_1 \bar{p}_4 = -\varepsilon^2 (p_4 + p_6)^2 + p_6^2$$

$$\varrho \, \bar{p}_4 = -p_5$$

$$\varrho \, \bar{p}_5 = -p_6 \qquad (5,11)$$

$$\varrho \, \bar{p}_6 = p_4 + p_6 \; .$$

Die vier Grundstrahlen bilden im Falle des Flächenbüschels (5,9) weder
in der elliptischen noch in der hyperbolischen linearen Kongruenz ein
Tetraeder mit den Leitgeraden der Kongruenz. Im Falle des Flächenbüschels (5,10) bilden sie dagegen für $c_1 = \pm c_2$ in der elliptischen linearen Kongruenz ein Tetraeder mit den Leitgeraden.

Zur weiteren Diskussion werden die Büschel von ebenen Schnittkurven
dieser Flächenbüschel (Höhenlinien und Frontlinien) untersucht. Nach
Kapitel I,3. erhält man als Höhenlinien Büschel von Kurven 2. Ordnung,
die zu den Büscheln (5,6) bzw. (5,8) affin sind. Um die beiden Scharen
von Frontlinien zu erhalten, setzt man $x_1 = \alpha x_4$ bzw. $x_2 = \beta x_4$. Führt
man in der jeweiligen Schnittebene ein homogenes Koordinatensystem
$\bar{x}_1, \bar{x}_2, \bar{x}_3$ ein, indem man die Raumkoordinaten x_1 bzw. x_2 mit $\bar{x}_1$, x_3 mit
$\bar{x}_2$, x_4 mit $\bar{x}_3$ identifiziert, so erhält man für die Schnittkurven
4. Ordnung Gleichungen, deren Koeffizienten aus der Tabelle 1 (S. 45)
zu entnehmen sind.

Die in Tabelle 1 angegebenen Gleichungen lassen sich einer der drei
folgenden Grundtypen zuordnen:

a) $a_1 \bar{x}_1^2 \bar{x}_2^2 + a_3 \bar{x}_2^4 + a_6 \bar{x}_1 \bar{x}_2^2 \bar{x}_3 + a_7 \bar{x}_2^3 \bar{x}_3 + a_8 \bar{x}_1^2 \bar{x}_3^2 + a_9 \bar{x}_1 \bar{x}_2 \bar{x}_3^2 +$

   $+ a_{10} \bar{x}_2^2 \bar{x}_3^2 + a_{11} \bar{x}_1 \bar{x}_3^3 + a_{12} \bar{x}_2 \bar{x}_3^3 + a_{13} \bar{x}_3^4 = 0 \; ,$

b) $a_1 \bar{x}_1^2 \bar{x}_2^2 + a_2 \bar{x}_1 \bar{x}_2^3 + a_3 \bar{x}_2^4 + a_8 \bar{x}_1^2 \bar{x}_3^2 + a_9 \bar{x}_1 \bar{x}_2 \bar{x}_3^2 + a_{10} \bar{x}_2^2 \bar{x}_3^2 + a_{13} \bar{x}_3^4 = 0 \; ,$

c) $a_1 \bar{x}_1^2 \bar{x}_2^2 + a_3 \bar{x}_2^4 + a_5 \bar{x}_1^2 \bar{x}_2 \bar{x}_3 + a_6 \bar{x}_1 \bar{x}_2^2 \bar{x}_3 + a_8 \bar{x}_1^2 \bar{x}_3^2 + a_9 \bar{x}_1 \bar{x}_2 \bar{x}_3^2 +$ \qquad (5,12)

   $+ a_{10} \bar{x}_2^2 \bar{x}_3^2 + a_{11} \bar{x}_1 \bar{x}_3^3 + a_{12} \bar{x}_2 \bar{x}_3^3 + a_{13} \bar{x}_3^4 = 0.$

Tabelle 1

Gleichung / Glied	Flächenbüschel (5,9)		Flächenbüschel (5,10)	
	1. $(x = \alpha)$	2. $(y = \beta)$	1. $(x = \alpha)$	2. $(y = \beta)$
$\bar{x}_1^2\bar{x}_2^2$ a_1	1	$-c_1^2+c_2^2-3c_1c_2\lambda$	c_2^2	$-c_1^2$
$\bar{x}_1\bar{x}_2^3$ a_2	———	$-2c_1(c_1+\tfrac{3}{2}c_2\lambda)$	———	———
$\bar{x}_2^4$ a_3	$-c_1^2$	$-c_1^2$	1	1
$\bar{x}_1^3\bar{x}_3$ a_4	———	———	———	———
$\bar{x}_1^2\bar{x}_2\bar{x}_3$ a_5	———	———	$3c_1c_2\lambda$	$3c_1c_2\lambda\varepsilon^2$
$\bar{x}_1\bar{x}_2^2\bar{x}_3$ a_6	$2c_1(c_1+\tfrac{3}{2}c_2\lambda)$	———	$-3\alpha c_1c_2\lambda$	$-3\beta c_1c_2\lambda$
$\bar{x}_2^3\bar{x}_3$ a_7	$-2c_1(c_1+\tfrac{3}{2}c_2\lambda)\alpha$	———	———	———
$\bar{x}_1^2\bar{x}_3^2$ a_8	$-c_1^2+c_2^2-3c_1c_2\lambda$	ε^4	$-c_1^2$	$c_2^2\varepsilon^4$
$\bar{x}_1\bar{x}_2\bar{x}_3^2$ a_9	$-2\varepsilon^2\alpha -2\alpha(-c_1^2+c_2^2-3c_1c_2\lambda)$	$-2\varepsilon^2\beta-2\beta(-c_1^2+c_2^2-3c_1c_2\lambda)+2\varepsilon^2 c_1(c_1+\tfrac{3}{2}c_2\lambda)$	$-2\alpha c_2^2\varepsilon^2 +2\alpha c_1^2$	$-2\beta c_2^2\varepsilon^2 +2\beta c_1^2$
$\bar{x}_2^2\bar{x}_3^2$ a_{10}	$\alpha^2(-c_1^2+c_2^2-3c_1c_2\lambda)+2\varepsilon^2 c_1^2$	$\beta^2+2\beta c_1(c_1+\tfrac{3}{2}c_2\lambda)+2\varepsilon^2 c_1^2$	$-\alpha^2 c_1^2-2\varepsilon^2$	$\beta^2 c_2^2-2\varepsilon^2$
$\bar{x}_1\bar{x}_3^3$ a_{11}	$-2\varepsilon^2 c_1(c_1+\tfrac{3}{2}c_2\lambda)$	———	$-3\alpha c_1c_2\lambda\varepsilon^2$	$-3\beta c_1c_2\lambda\varepsilon^2$
$\bar{x}_2\bar{x}_3^3$ a_{12}	$2\alpha\varepsilon^2 c_1(c_1+\tfrac{3}{2}c_2\lambda)$	———	$3\alpha^2 c_1c_2\lambda\varepsilon^2$	$3\beta^2 c_1c_2\lambda$
$\bar{x}_3^4$ a_{13}	$\alpha^2\varepsilon^4-c_1^2\varepsilon^4$	$\beta^2(-c_1^2+c_2^2-3c_1c_2\lambda)-2\varepsilon^2\beta c_1\cdot(c_1+\tfrac{3}{2}c_2\lambda)-c_1^2\varepsilon^4$	$\alpha^2 c_2^2\varepsilon^4+\varepsilon^4$	$-c_1^2\beta+\varepsilon^4$

Zum Typus a) gehören die Schnitte $x_1 = \alpha x_4$ des Flächenbüschels (5,9), zu b) die Schnitte $x_2 = \beta x_4$ des Flächenbüschels (5,9), zu c) beide Schnitte beim Flächenbüschel (5,10).

Mit Hilfe der aus der Theorie der algebraischen Kurven bekannten Methode der "analytischen Dreiecke" (s. z.B. [14]) läßt sich die weitere Diskussion durchführen. Bezeichnet man die Glieder der drei Gleichungen (5,12 a, b, c) fortlaufend mit A, B, C ... J, so erhält man die in Abbildung 14 a, b, c angegebenen analytischen Dreiecke: Die Glieder, deren Bildpunkte auf einer Seite liegen, geben die Schnittpunkte der Kurve mit dieser Koordinatenseite.

Sind nun der Eckpunkt I sowie der I sowohl auf der Seite I II als auch I III am nächsten gelegene Punkt unbesetzt, so geben die Glieder, die zu den weiterhin folgenden - auf einer zu II III parallelen Geraden liegenden - Bildpunkten gehören, die beiden Tangenten des in I liegenden Doppelpunktes.

So ergibt sich u.a., daß alle Kurven (5,12) den Punkt $x_2 = x_3 = 0$ zum Doppelpunkt haben. Die Doppelpunktstangenten ergeben sich aus (A)(E) bzw. (A) (D) bzw. (A)(C)(E).

3. Büschel mit vier einfachen reellen Grundstrahlen

Im folgenden sollen die Büschel von Regelflächen 4. Ordnung mit vier reellen Grundstrahlen eingehender behandelt werden, da man hierbei zu Flächentypen gelangt, deren Verlauf besonders günstig für eine Veranschaulichung durch Ermittlung der ebenen Schnitte und durch den Aufbau eines Modells ist. (Eine eingehendere Untersuchung der Büschel mit zwei reellen und zwei konjugiert imaginären Grundstrahlen ließe sich ebenso durchführen.)

Gegeben sei das KS-Büschel

$$\lambda [((d_1-d_2)^2 - (c_1-c_2)^2) \xi^2 + 2 (d_1-d_2) \xi \eta + \eta^2 + \\ + 2 (c_1^2-c_1 c_2+d_1 d_2-d_1^2) \xi - 2 d_1 \eta + (d_1^2 - c_1^2)] + 4 c_1 c_2 \xi (\xi-1) = 0 . \quad (5,13)$$

Das Büschel besitzt vier reelle Grundpunkte mit den Koordinaten

$$P_1(0, d_1+c_1), \quad P_2(0, d_1-c_1), \quad P_3(1, d_2+c_2), \quad P_4(1, d_2-c_2).$$

Für $\lambda = 0$, $\lambda = 1$ und $\frac{1}{\lambda} = 0$ erhält man je ein reelles Geradenpaar als zerfallende Kegelschnitte des Büschels. Durch (5,7) wird (5,13) in das Büschel

$$\lambda[(c_1^2-d_1^2)\xi_1^2 + 2(c_1c_2-d_1d_2)\xi_1\eta_1 + (c_2^2-d_2^2)\eta_1^2 - 2d_1\xi_1 - 2d_2\eta_1 - 1] +$$

$$- 4 c_1c_2 \xi_1\eta_1 = 0 \tag{5,14}$$

übergeführt. Die Grundpunkte von (5,14) besitzen die Koordinaten:

$$P_1\left(\frac{-1}{c_1+d_1}, 0\right), \quad P_2\left(\frac{1}{c_1-d_1}, 0\right), \quad P_3\left(0, \frac{-1}{c_2+d_2}\right), \quad P_4\left(0, \frac{1}{c_2-d_2}\right).$$

Setzt man für das Büschel (5,13)

$$I_2(\lambda) = -(\lambda^2(c_1-c_2)^2 + 4c_1c_2\lambda),$$

für das Büschel (5,14)

$$I_2(\lambda) = -\lambda^2(c_1d_2-c_2d_1)^2 + 4c_1c_2(c_1c_2-d_1d_2)\lambda - 4c_1^2c_2^2,$$

so erhält man für $I_2(\lambda) > 0$ Ellipsen, $I_2(\lambda) < 0$ Hyperbeln, $I_2(\lambda) = 0$ Parabeln, sofern $\lambda \neq 0$, $\lambda \neq 1$, $\frac{1}{\lambda} \neq 0$.

Die Abbildungen 15 und 16 zeigen Darstellungen der Büschel (5,13) und (5,14) mit $c_1 = c_2 = 1$, $d_1 = d_2 = 0$.

Den Büscheln (5,13) bzw. (5,14) sind durch die Abbildung zwei Büschel von Regelflächen 4. Ordnung 1. Art zugeordnet. Im Falle $d_1 = d_2 = 0$ lauten ihre Gleichungen:

$$\lambda[(\varepsilon^2 x_1x_4-x_2x_3)^2 - c_1^2(x_3^2-\varepsilon^2 x_4^2)^2 - (c_1-c_2)^2(x_1x_3-x_2x_4)^2 + \tag{5,15}$$

$$-2(c_1^2-c_1c_2)(x_3^2-\varepsilon^2 x_4^2)(x_1x_3-x_2x_4)] - 4c_1c_2(x_1x_3-x_2x_4)(x_1x_3-x_2x_4+x_3^2-\varepsilon^2 x_4^2) = 0,$$

$$\lambda[c_1^2(x_1x_3-x_2x_4)^2 + 2c_1c_2(\varepsilon^2 x_1x_4-x_2x_3)(x_1x_3-x_2x_4) + \tag{5,16}$$

$$+ c_2^2(\varepsilon^2 x_1x_4-x_2x_3)^2 - (x_3^2-\varepsilon^2 x_4^2)^2] - 4c_1c_2(\varepsilon^2 x_1x_4-x_2x_3)(x_1x_3-x_2x_4) = 0.$$

Den Grundpunkten der KS-Büschel sind vier reelle Grundstrahlen g_1, g_2, g_3, g_4 zugeordnet. Ihre Plückerschen Linienkoordinaten sind

$$g_1(-c_1^2 : -c_1 : 0 : 1 : -c_1 : 0); \qquad g_2(-c_1^2 : +c_1 : 0 : 1 : +c_1 : 0);$$

$$g_3((\varepsilon^2-c_2^2) : -c_2 : \varepsilon^2 : 1 : -c_2 : -1); \qquad g_4((\varepsilon^2-c_2^2) : +c_2 : \varepsilon^2 : 1 : +c_2 : -1)$$

für das Flächenbüschel (5,15),

$$g_1(\frac{\varepsilon^2}{c_1^2}:0:-\frac{\varepsilon^2}{c_1}:1:0:\frac{1}{c_1}); \qquad g_2(\frac{\varepsilon^2}{c_1^2}:0:\frac{\varepsilon^2}{c_1}:1:0:-\frac{1}{c_1});$$

$$g_3(-\frac{1}{c_2^2}:\frac{1}{c_2}:0:1:\frac{1}{c_2}:0); \qquad g_4(-\frac{1}{c_2^2}:-\frac{1}{c_2}:0:1:-\frac{1}{c_2}:0)$$

für das Flächenbüschel (5,16). Die beiden Flächenbüschel (5,15) und (5,16) lassen sich ebenso wie (5,9) und (5,10) nicht durch projektive Transformation ineinander überführen.

Im Falle des Flächenbüschels (5,1) bilden die vier Grundstrahlen weder in der elliptischen noch in der hyperbolischen linearen Kongruenz zusammen mit den Leitgeraden ein Tetraeder; dagegen bilden im Sonderfall $c_1 = \pm c_2$ die Grundstrahlen eines Flächenbüschels (5,16) in der hyperbolischen linearen Kongruenz zusammen mit den Leitgeraden ein Tetraeder. Zur weiteren Diskussion werden wieder Büschel von ebenen Schnittkurven der Flächenbüschel (5,15) und (5,16) (Höhenlinien und Frontlinien) untersucht. Nach I,3. erhält man als Höhenlinien Büschel von Kurven 2. Ordnung, die zu den Büscheln (5,15) bzw. (5,16) affin sind.

Die Gleichungen der beiden Scharen von Frontlinien

$$x_1 = \alpha x_4, \qquad x_2 = \beta x_4$$

werden wie in V,2. auf ein System homogener Koordinaten $\bar{x}_1$, $\bar{x}_2$, $\bar{x}_3$ in der Schnittebene bezogen. Die Koeffizienten der Gleichungen der Schnittkurve sind aus Tabelle 2 (S. 50) zu entnehmen. Sie lassen sich wieder einer der in Gleichung (5,12) angegebenen Grundtypen zuordnen. Zum Typus a) gehören die Schnitte $x_1 = \alpha x_4$ des Flächenbüschels (5,15), zu b) die Schnitte $x_2 = \beta x_4$ von (5,15), zu c) beide Schnitte beim Flächenbüschel (5,16). Die weitere Untersuchung läßt sich wie unter V,2. mit Hilfe des analytischen Dreiecks führen. Eine eingehendere Diskussion soll noch für die Schnitte $x_1 = \alpha x_4$ und $x_2 = \beta x_4$ des Flächenbüschels (5,16) durchgeführt werden.

Aus (5,12c) ergibt sich für die Schnitte mit den Seiten des Koordinatendreiecks:

Schnitt mit $\bar{x}_1 = 0$: $a_3\bar{x}_2^4 + a_{10}\bar{x}_2^2\bar{x}_3^2 + a_{12}\bar{x}_2\bar{x}_3^3 + a_{13}\bar{x}_3^4 = 0$, (5,17)

Schnitt mit $\bar{x}_2 = 0$: $\bar{x}_3^2 = 0, \dfrac{\bar{x}_1}{\bar{x}_3} = \dfrac{-a_{11} \pm \sqrt{a_{11}^2 - 4a_8 a_{13}}}{2 a_8}$, (5,18)

Schnitt mit $\bar{x}_3 = 0$: $\bar{x}_2^2 = 0$, $\quad \dfrac{\bar{x}_1}{\bar{x}_2} = \pm \sqrt{-\dfrac{a_3}{a_1}}$. $\hfill (5,19)$

Geht man zum räumlichen Koordinatensystem x_1, x_2, x_3, x_4 über und führt für die Koeffizienten a_i in (5,12c) ihre aus der Tabelle 2 zu entnehmenden Werte ein, so ergibt sich für die Schnittkurven $x_1 = \alpha x_4$ insbesondere für

den Schnitt mit $x_3 = 0$: $x_4^2 = 0$, $\quad \dfrac{x_2}{x_4} = \dfrac{2\varepsilon^2 \alpha c_1 c_2 (\lambda-2) \pm \sqrt{\Delta}}{2\lambda c_1^2}$,

$$\Delta = 4\varepsilon^4 \{ 4\alpha^2 c_1^2 c_2^2 (1-\lambda) + \lambda^2 c_1^2 \} ,$$

den Schnitt mit $x_4 = 0$: $x_3^2 = 0$, $\quad \dfrac{x_2}{x_3} = \pm \dfrac{1}{c_2}$.

Ist $\lambda = 0$, so ergibt sich als Gleichung der Schnittkurve

$$(\alpha x_3 - x_2)(x_2 x_3 - \alpha \varepsilon^2 x_4^2) x_4 = 0 .$$

Für die Schnittkurven $x_2 = \beta x_3$ ergibt sich insbesondere für

den Schnitt mit $x_3 = 0$: $x_4^2 = 0$, $\quad \dfrac{x_1}{x_4} = \dfrac{2\beta \varepsilon^2 c_1 c_2 (\lambda-2) \pm \sqrt{\Delta}}{2\lambda \varepsilon^4 c_2^2}$,

$$\Delta = 4\varepsilon^4 \{ 4\beta^2 c_1^2 c_2^2 (1-\lambda) + \lambda^2 \varepsilon^4 c_2^2 \} ,$$

den Schnitt mit $x_4 = 0$: $x_3^2 = 0$, $\quad \dfrac{x_1}{x_3} = \pm \dfrac{1}{c_1}$

Im Fall $\lambda = 0$ erhält man als Gleichung der Schnittkurve

$$(\beta x_3 - \varepsilon^2 x_1)(x_1 x_3 - \beta x_4^2) x_4 = 0 .$$

Die Fernpunkte auf der x- und der y-Achse sind Doppelpunkte der Schnittkurven in den Ebenen $x_1 = \alpha x_4$, $x_2 = \beta x_4$.

(Dies gilt allgemein für die Frontlinien der vier Büschel (5,9), (5,10), (5,15), (5,16).) Die Doppelpunktstangenten findet man aus (5,12c). Und zwar erhält man

$$\dfrac{x_3}{x_4} = \dfrac{-\lambda c_1 + 2c_1 \pm 2c_1 \sqrt{1-\lambda}}{\lambda c_2} , \qquad \lambda \neq 0$$

Tabelle 2

Glied \ Gleichung	Flächenbüschel (5,15) 1. ($x = \alpha$)	Flächenbüschel (5,15) 2. ($y = \beta$)	Flächenbüschel (5,16) 1. ($x = \alpha$)	Flächenbüschel (5,16) 2. ($y = \beta$)
$\bar{x}_1^2 \bar{x}_2^2$ a_1	λ	$-\lambda(c_1-c_2)^2 - 4c_1c_2$	$c_2^2 \lambda$	$c_1^2 \lambda$
$\bar{x}_1 \bar{x}_2^3$ a_2	———	$-2\lambda(c_1^2-c_1c_2)+$ $-4c_1c_2$	———	———
$\bar{x}_2^4$ a_3	$-c_1^2 \lambda$	$-c_1^2 \lambda$	$-\lambda$	$-\lambda$
$\bar{x}_1^3 \bar{x}_3$ a_4	———	———	———	———
$\bar{x}_1^2 \bar{x}_2 \bar{x}_3$ a_5	———	———	$2\lambda c_1 c_2 - 4c_1 c_2$	$2\lambda c_1 c_2 \varepsilon^2 - 4c_1 c_2 \varepsilon^2$
$\bar{x}_1 \bar{x}_2^2 \bar{x}_3$ a_6	$2\lambda(c_1^2-c_1c_2)+4c_1c_2$	———	$-2\lambda \alpha c_1 c_2 + 4\alpha c_1 c_2$	$-2\lambda \beta c_1 c_2 + 4\beta c_1 c_2$
$\bar{x}_2^3 \bar{x}_3$ a_7	$-4\alpha c_1 c_2 +$ $-2\lambda\alpha(c_1^2-c_1c_2)$	———	———	———
$\bar{x}_1^2 \bar{x}_3^2$ a_8	$-\lambda(c_1-c_2)^2 - 4c_1 c_2$	$\lambda \varepsilon^4$	λc_1^2	$\lambda c_2^2 \varepsilon^4$
$\bar{x}_1 \bar{x}_2 \bar{x}_3^2$ a_9	$-2\lambda\alpha\varepsilon^2 + 8\alpha c_1 c_2 +$ $+2\lambda\alpha(c_1-c_2)^2$	$-2\lambda\beta\varepsilon^2 + 2\beta\lambda(c_1-c_2)^2 +$ $+2\lambda\varepsilon^2(c_1^2-c_1c_2)+$ $+4c_1c_2\varepsilon^2 + 8\beta c_1 c_2$	$-2\lambda\alpha c_1^2 +$ $-2\lambda\alpha c_2^2 \varepsilon^2$	$-2\lambda\beta c_1^2 +$ $-2\lambda\beta c_2^2 \varepsilon^2$
$\bar{x}_2^2 \bar{x}_3^2$ a_{10}	$2\lambda c_1^2 \varepsilon^2 - 4\alpha^2 c_1 c_2 +$ $-\lambda\alpha^2(c_1-c_2)^2$	$\lambda\beta^2 + 2\lambda c_1^2 \varepsilon^2 +$ $+2\beta\lambda(c_1^2-c_1c_2)+$ $+4\beta c_1 c_2$	$\lambda\alpha^2 c_1^2 + 2\lambda\varepsilon^2$	$\lambda\beta^2 c_2^2 + 2\lambda\varepsilon^2$
$\bar{x}_1 \bar{x}_3^3$ a_{11}	$-2\lambda\varepsilon^2(c_1^2-c_1c_2)+$ $-4c_1c_2\varepsilon^2$	———	$-2\lambda\alpha c_1 c_2 \varepsilon^2 +$ $+4\alpha c_1 c_2 \varepsilon^2$	$-2\lambda\beta c_1 c_2 \varepsilon^2 +$ $+4\beta c_1 c_2 \varepsilon^2$
$\bar{x}_2 \bar{x}_3^3$ a_{12}	$2\lambda\alpha\varepsilon^2(c_1^2-c_1c_2)+$ $+4\alpha c_1 c_2 \varepsilon^2$	———	$2\lambda\alpha^2 \varepsilon^2 c_1 c_2 +$ $-4\alpha^2 c_1 c_2 \varepsilon^2$	$2\lambda\beta^2 c_1 c_2 +$ $-4\beta^2 c_1 c_2$
$\bar{x}_3^4$ a_{13}	$\lambda\alpha^2 \varepsilon^4 - \lambda c_1^2 \varepsilon^4$	$-\lambda c_1^2 \varepsilon^4 - 2\lambda\beta\varepsilon^2 \cdot$ $\cdot(c_1^2-c_1c_2) - 4\beta^2 c_1 c_2 +$ $-4\beta c_1 c_2 \varepsilon^2 - \lambda\beta^2(c_1-c_2)^2$	$\lambda\alpha^2 c_2^2 \varepsilon^4 - \lambda\varepsilon^4$	$\lambda\beta^2 c_1^2 - \lambda\varepsilon^4$

für den Schnitt $x_1 = \alpha x_4$,

$$\frac{x_3}{x_4} = \frac{-\lambda \varepsilon^2 c_2 + 2\varepsilon^2 c_2 \pm 2\varepsilon^2 c_2 \sqrt{1-\lambda}}{\lambda c_1}, \quad \lambda \neq 0$$

für den Schnitt $x_2 = \beta x_4$.

Weiter sollen die Asymptoten der nicht auf den Koordinatenachsen liegenden Fernpunkte der Frontlinien bestimmt werden.

Da die Richtung der Asymptoten nach (5,19) in der Form

$$\frac{\bar{x}_1}{\bar{x}_2} = a$$

gegeben ist, muß die Asymptote die Gleichung

$$\bar{x}_1 = a\,\bar{x}_2 + \mu\,\bar{x}_3 \tag{5,20}$$

haben. Man setzt dann (5,20) in die Gleichung der Schnittkurven ein und bestimmt μ aus der Bedingung, daß die entstehende Gleichung eine Doppelwurzel hat. Dann ergibt sich als Gleichung der Asymptoten

$$x_2 = \pm \frac{1}{c_2} x_3 - \frac{1}{\lambda c_2}(\lambda c_1 - 2c_1)(\pm \frac{1}{c_2} - \alpha) x_4 \quad \text{für die Schnittkurve} \quad x_1 = \alpha x_4,$$

$$x_1 = \pm \frac{1}{c_1} x_3 - \frac{1}{\lambda c_1}(\lambda c_2 - 2c_2)(\pm \frac{\varepsilon^2}{c_1} - \beta) x_4 \quad \text{für die Schnittkurve} \quad x_2 = \beta x_4.$$

Auf den Leitgeraden der Kongruenz liegen Doppelpunkte der Frontlinien. Zur Bestimmung der Doppelpunktstangenten wird eine Parallelverschiebung des Koordinatensystems x_1, x_2, x_3, x_4 so vorgenommen, daß der Ursprung des neuen Systems x_2', x_3', x_4' für die Schnitte $x_1 = \alpha x_4$ bzw. x_1', x_3', x_4' für die Schnitte $x_2 = \beta x_4$ in den Doppelpunkt fällt.

So findet man mit Hilfe des analytischen Dreiecks für die Doppelpunktstangenten der Schnittkurven $x_1 = \alpha x_4$ bzw. $x_2 = \beta x_4$ des Büschels (5,16) in der hyperbolischen linearen Kongruenz:

$$\frac{x_3'}{x_2'} = \frac{2\lambda\alpha(c_1^2 - c_2^2) \pm \sqrt{\Delta}}{2(\lambda\alpha^2 c_2^2 - 4\lambda \mp 2\lambda\alpha^2 c_1 c_2 \pm 4\alpha^2 c_1 c_2 + \lambda\alpha^2 c_1^2)} \tag{5,21}$$

mit

$$\Delta = 16\{\lambda^2(c_1 \pm c_2)^2 \mp 4\lambda c_1 c_2 + 4\alpha^2 c_1^2 c_2^2 - 4\lambda\alpha^2 c_1^2 c_2^2\},$$

bzw.

$$\frac{x_3'}{x_1'} = \frac{2\lambda\beta(c_2^2 - c_1^2) \pm \sqrt{\Delta}}{2(\lambda\beta^2 c_1^2 - 4\lambda \mp 2\lambda\beta^2 c_1 c_2 \pm 4\beta^2 c_1 c_2 + \lambda\beta^2 c_2^2)} \qquad (5,22)$$

mit

$$\Delta = 16\left\{\lambda^2(c_1 \pm c_2)^2 \mp 4\lambda c_1 c_2 + 4\beta^2 c_1^2 c_2^2 - 4\lambda\beta^2 c_1^2 c_2^2\right\}.$$

Weitere Anhaltspunkte für den qualitativen Verlauf der Frontlinien erhält man, indem man die Schnitte der Ebenen $x = \alpha$ bzw. $y = \beta$ mit den Grundstrahlen ermittelt. Man findet für die Schnittpunkte von $x = \alpha$ mit den Grundstrahlen g_1 bzw. g_2 des Büschels (5,16) die Koordinaten

$$y = \varepsilon^2/c_1, \quad z = \alpha c_1 \quad \text{bzw.} \quad y = -\varepsilon^2/c_1, \quad z = -\alpha c_1$$

und für die Schnittpunkte von $y = \beta$ mit g_3 bzw. g_4

$$x = -1/c_2, \quad z = -\beta c_2 \quad \text{bzw.} \quad x = 1/c_2, \quad z = \beta c_2.$$

Außerdem ergibt sich, daß g_3, g_4 bzw. g_1, g_2 in einer Ebene $x = \mp 1/c_2$ bzw. $y = \pm \varepsilon^2/c_1$ liegen.

Somit lassen sich für die Frontlinien der untersuchten Büschel von Regelflächen 4. Ordnung 1. Art ihre Schnitte mit den Koordinatenachsen, sämtliche Asymptoten, ihre Schnittpunkte mit den Leitgeraden als Doppelpunkte sowie die Doppelpunktstangenten in diesen und die Schnittpunkte mit den Grundstrahlen ermitteln. Doch ist der Rechenaufwand beträchtlich. Es besteht jedoch die Möglichkeit, den Verlauf der Frontlinien nach Kenntnis der Höhenlinien auch in anderer Weise zu bestimmen. Nach I,3. erhält man die Gleichungen der Höhenlinien unmittelbar aus denen der Bildkurven mit Hilfe der Transformation (1,24).

Auf diese Weise erhält man für die Höhenlinien $x_3 = \gamma x_4$ des Büschels (5,16) neben $x_4^2 = 0$ die Kurven 2. Ordnung

$$(\lambda c_1^2 \gamma^2 + 2\lambda c_1 c_2 \varepsilon^2 \gamma + \lambda c_2^2 \varepsilon^4 - 4 c_1 c_2 \varepsilon^2 \gamma) x_1^2 +$$

$$+ 2(2 c_1 c_2 \varepsilon^2 + 2 c_1 c_2 \gamma^2 - \lambda c_1^2 \gamma - \lambda c_1 c_2 \varepsilon^2 - \lambda c_1 c_2 \gamma^2 - \lambda c_2^2 \varepsilon^2 \gamma) x_1 x_2 +$$

$$+ (\lambda c_1^2 + 2\lambda c_1 c_2 \gamma + \lambda c_2^2 \gamma^2 - 4 c_1 c_2 \gamma) x_2^2 - \lambda(\gamma^2 - \varepsilon^2)^2 x_4^2 = 0. \qquad (5,23)$$

Aus (5,23) entnimmt man, daß für $\lambda = 0$, $\lambda = 1$, $\frac{1}{\lambda} = 0$ und beliebige Werte von γ sowie für $\gamma = \pm \sqrt{\varepsilon^2}$ und beliebige Werte von λ die Schnittkurven (5,23) zerfallen. Für $\lambda > 1$ ergeben sich Ellipsen, für $\lambda < 1$ ($\lambda \neq 0$) Hyperbeln. Nun bestimmt man auf jeder Kurve $\lambda = $ const. des zu einem willkürlichen aber festen γ gehörigen Kurvenbüschels (5,23) die Schnittpunkte mit einer Ebene $x = \alpha$. Diese sind zugleich Punkte der zum selben λ gehörigen Frontlinie $x = \alpha$. Zwei von diesen Schnittpunkten fallen jeweils im Fernpunkt der Höhenlinie zusammen. Die beiden anderen S_1, S_2 findet man mit Hilfe von (1,27). Denn für den Schnitt $x = \alpha$ erhält man mit Hilfe von (1,27)

$$\eta = \alpha + \gamma \xi, \qquad (5,24)$$

$$y = (\gamma^2 - \varepsilon^2)\xi + \alpha\gamma. \qquad (5,25)$$

ξ und η sind Funktionen von u und durch (5,14) miteinander verknüpft. Durch Einsetzen von (5,24) in (5,14) mit $d_1 = d_2 = 0$ erhält man für die Koordinaten ξ_1, ξ_2 der Bildpunkte von S_1, S_2

$$\xi_{1,2} = \frac{-\alpha\{\lambda(c_1 c_2 + c_2^2 \gamma) - 2c_1 c_2\}}{\lambda(c_1 + c_2 \gamma)^2 - 4c_1 c_2 \gamma} +$$

$$\pm \frac{\sqrt{\alpha^2\{\lambda(c_1 c_2 + c_2^2 \gamma) - 2c_1 c_2\}^2 - \lambda(c_2^2 \alpha^2 - 1)[\lambda(c_1 + c_2 \gamma)^2 - 4c_1 c_2 \gamma]^2}}{\lambda(c_1 + c_2 \gamma)^2 - 4c_1 c_2 \gamma}. \qquad (5,26)$$

Setzt man (5,26) in (5,25) ein, so erhält man die Koordinaten von S_1, S_2. Diese Punkte liegen auf $x = \alpha$, $z = \gamma$.

Auf $y = \beta$, $z = \gamma$ findet man analog einen (doppelt zählenden) Fernpunkt und zwei weitere Punkte. Aus (1,27) erhält man nämlich

$$\eta = \frac{\beta + \varepsilon^2 \xi}{\gamma}, \qquad \gamma \neq 0; \qquad (5,27)$$

$$x = \frac{(\varepsilon^2 - \gamma^2)\xi + \beta}{\gamma} \qquad (5,28)$$

und durch Einsetzen von (5,27) in (5,14) mit $d_1 = d_2 = 0$

$$\xi_{1,2} = \frac{-\beta[\lambda(c_1 c_2 \gamma + c_2^2 \varepsilon^2) - 2c_1 c_2 \gamma]}{\lambda(c_1 \gamma + c_2 \varepsilon^2)^2 - 4c_1 c_2 \varepsilon^2 \gamma} +$$

$$\pm \frac{\sqrt{\beta^2[\lambda(c_1 c_2 \gamma + c_2^2 \varepsilon^2) - 2c_1 c_2 \gamma]^2 - \lambda(\beta^2 c_2^2 - \gamma^2)[\lambda(c_1 \gamma + c_2 \varepsilon^2)^2 - 4c_1 c_2 \varepsilon^2 \gamma]^2}}{\lambda(c_1 \gamma + c_2 \varepsilon^2)^2 - 4c_1 c_2 \varepsilon^2 \gamma}. \qquad (5,29)$$

Setzt man (5,29) in (5,28) ein, so erhält man die x-Koordinaten der beiden eigentlichen Schnittpunkte mit $y = \beta$, $z = \gamma$.

Um eine Skizze der Frontlinien zu entwerfen, zeichnet man die Geraden (5,24) bzw. (5,27) in die Bilder der Kegelschnittbüschel (Abb. 16, ebenso auch 15, 12 und 13) ein und ermittelt aus den Schnittpunkten dieser Geraden mit den Kurven des Büschels die Werte (5,26) bzw. (5,29).

Dieses graphische Verfahren läßt sich für beliebige Regelflächen in der linearen Kongruenz anwenden.

Zur zweckmäßigen Aufzeichnung der Höhenlinien geht man von Kurvenpunkten aus, die mittels einer Parameterdarstellung

$$\xi = \xi(u), \qquad \eta = \eta(u)$$

in Rechenformularen festgehalten sind, und transformiert diese mit Hilfe von (1,27) in Punkte in der Ebene $z = \gamma$.

Für die vorliegende Untersuchung sind die Werte $\xi(u)$, $\eta(u)$ aus den in [8], [9] errechneten Koordinatenwerten der dort behandelten Nomogramme bekannt.

Eine Reihe von Frontlinien und Höhenlinien für eine Reihe von Flächen eines Büschels (5,15) in der hyperbolischen linearen Kongruenz ist in den Abbildungen 17 bis 22 dargestellt. Es wird der Fall $c_1 = c_2 = 1$ gewählt, die Fundamentalgeraden des Flächenbüschels bilden mit den Leitgeraden der Kongruenz ein Tetraeder.

Abbildung 17 zeigt die Schar der Frontlinien $x^* = \alpha$ für eine feste zu $\lambda = 0{,}5$ gehörige Fläche des Büschels, Abbildung 18 zeigt den Schnitt der festen Ebene $x^* = 4$ mit den zu $\lambda = 0; 0{,}1; 0{,}5; 0{,}9$ und $1{,}0$ gehörigen Flächen des Büschels.

(Die beiden Leitgeraden gehören je einer Koordinatenebene des Systems x^*, y^*, z^* an. Dieses entsteht aus dem ursprünglichen System x, y, z durch eine Drehung um $45°$ um die z-Achse.)

In Abbildung 17 und 18 bezeichnet L_1 den Durchstoßpunkt der Leitgeraden l_1 mit der Ebene $x^* = \alpha$, l_2 ist zu dieser Ebene parallel; L_1 ist Knotenpunkt für die Kurven.

Die Punkte P_1, P_2, P_3, P_4 bezeichnen die Durchstoßpunkte der Grundstrahlen des Flächenbüschels mit der Ebene $x^* = 4$.

Analog zeigen die Abbildungen 19 und 20 Schnitte der Fläche $\lambda = 0{,}5$ mit verschiedenen Ebenen $y^* = $ const bzw. Schnitte der Ebene $y^* = 6$ mit den zu $\lambda = 0; 0{,}1; 0{,}5; 0{,}9; 1{,}0$ gehörenden Flächen.

In den Abbildungen 19 und 20 bezeichnet L_2 den Durchstoßpunkt von l_2 mit der Ebene $y^* = \beta$, l_1 ist zu dieser Ebene parallel; L_2 ist Knotenpunkt für die Kurven.

Für $\lambda \neq 0$ und $\lambda \neq 1$ sind die Frontlinien $x^* = \alpha$ und $y^* = \beta$ Kurven 4. Ordnung. Die zu $\lambda = 0$ bzw. $\lambda = 1$ gehörigen Flächen 4. Ordnung des Büschels (5,16) sind in ein Paar von hyperbolischen Paraboloiden bzw. zwei Ebenenpaare zerfallen, deren Schnitte mit den Ebenen $x^* = \alpha$ bzw. $y^* = \beta$ ein Paar von Hyperbeln bzw. zwei Geradenpaare (darunter jeweils die Ferngerade der Schnittebene) liefern. Die zu $\lambda = 0$ gehörigen Paraboloide haben die Gleichungen

$$x - yz = 0 \text{ und } xz - y = 0 \ .$$

Die zu $\lambda = 1$ gehörigen Ebenenpaare sind gegeben durch

$$z = 1 \quad \text{doppeltzählend}$$

sowie $\quad x + y - z - 1 = 0$

und $\quad x + y + z + 1 = 0 \ .$

Der Schnitt mit den beiden Ebenenpaaren liefert also ein Paar sich schneidender Geraden und eine doppeltzählende Gerade.

Die Abbildung 21 gibt, bezogen auf das ursprüngliche Koordinatendreibein x, y, z, die Schnitte $x = \alpha > 0$ für die zu $\lambda = 0{,}9$ gehörige Fläche. Die zu $\alpha < 0$ gehörigen Frontlinien erhält man aus den in Abbildung 21 gezeichneten durch Spiegelung an der z-Achse. Die zugehörigen Frontlinien $y = \beta$ haben dasselbe Aussehen.

Die Schar der Höhenlinien $z = \gamma > 0$ für die zu $\lambda = 0{,}1$ gehörige Fläche ist in Abbildung 22 dargestellt. Es handelt sich um eine Schar von Hyperbeln. Zu den Höhenlinien zählt ferner die Ferngerade der jeweiligen Schnittebene.

In den in [8] veröffentlichten Nomogrammen, aus denen die Abbildungen 12, 13 sowie 15, 16 entstanden sind, sind die Punkte $x = $ const bzw. $y = $ const durch Kurven miteinander verbunden. Der ∞^1-fachen Mannigfaltigkeit dieser Kurven ist eine ∞^1-fache Mannigfaltigkeit von Regelflächen zugeordnet. Man erhält die Parameterdarstellung $\xi = \xi(t)$, $\eta = \eta(t)$ der Leitkurven für die mit den Büscheln (5,15), (5,16) verknüpften Flächen dieser Art, indem man in den Gleichungen (2,6), (2,7) bzw. (2,12), (2,13) in [10] $x = \mu$ = const, $y = \nu$ = const setzt und den dortigen Parameter k^2 durch die Veränderliche t ersetzt. Die Höhenlinien dieser Regelflächen lassen sich wieder mit Hilfe von (1,24) aus ihren Bildkurven ermitteln, die Frontlinien aber nach dem unter V,3. angegebenen Verfahren nach Kenntnis der Höhenlinien. Die Abbildung 23 gibt einen Schnitt z = 6 durch die zu den Werten μ = 0,5, μ = 1, μ = 1,5 sowie ν = 0,5, ν = 1, ν = 1,5 gehörigen Regelflächen der genannten Mannigfaltigkeiten (μ-Kurven ausgezogen, ν-Kurven gestrichelt; es sind jeweils nur Stücke der Kurven eingezeichnet).

4. Herstellung eines Modells für ein spezielles Büschel von Regelflächen 4. Ordnung 1. Art

Die Ergebnisse unter 3. sollen dazu verwendet werden, um ein Modell für das Büschel (5,16) von Regelflächen 4. Ordnung 1. Art in der hyperbolischen linearen Strahlenkongruenz herzustellen.

Es werden die zu λ = 0,1 und λ = 0,9 gehörigen Flächen herausgegriffen. Jede der Flächen wird nach dem unter I,3. angegebenen Verfahren dargestellt, indem man ihre zu zwei verschiedenen Höhenebenen $z = \gamma_1$ und $z = \gamma_2$ gehörigen Höhenlinien ermittelt und solche Punkte auf zwei verschiedenen Höhenlinien, die gemäß (1,27) zur selben Bildpunktkoordinate gehören, durch Regelstrahlen verbindet.

Die Abbildung 24 zeigt die zu z = + 6 sowie z = - 6 gehörigen Höhenlinien (Hyperbeln) für die Fläche λ = 0,1. Die Punktzuordnung ergibt sich mit Hilfe der aus (1,27) folgenden Gleichungen:

$$x = - 6\xi + \eta$$
$$y = - \xi + 6\eta$$
Ebene: z = + 6 (5,30a)

$$x = 6\xi + \eta$$
$$y = - \xi - 6\eta .$$
Ebene: z = - 6 (5,30b)

Auf zwei Glasplatten im Abstand von 24 cm (in x-, y- und z-Richtung entsprechen einer Einheit 2 cm) wurden die Hyperbeln für λ = 0,1 und λ = 0,9 in den Höhen z = ± 6 aufgezeichnet und gemäß (5,30a,b) einander entsprechende Punkte durch Fäden verbunden.

Die Abbildungen 25b,c geben zwei verschiedene Ansichten des so konstruierten Flächenmodells. Die Eckpunkte E_1, E_2, E_3, E_4 des von den Grundstrahlen des Flächenbüschels mit den Leitgeraden gebildeten Tetraeders haben im System x^*, y^*, z^* die Koordinaten:

$E_1(+\sqrt{2}; 0; 1);$ $E_2(-\sqrt{2}; 0; 1);$ $E_3(0; +\sqrt{2}; -1);$ $E_4(0; -\sqrt{2}; -1).$

Abbildung 25a zeigt dieses Tetraeder.

5. Reziprok polare Büschel von Regelflächen 4. Ordnung 1. Art

Die Bildfläche eines (euklidischen bzw. pseudoeuklidischen) Kreises in der elliptischen bzw. hyperbolischen linearen Kongruenz ist eine Regelfläche 2. Ordnung. Die durch die Inversion an einem euklidischen bzw. pseudoeuklidischen Kreis bedingte umkehrbar eindeutige Zuordnung der Punkte der Bildebene zieht eine umkehrbar eindeutige Zuordnung der Strahlen der elliptischen bzw. hyperbolischen linearen Kongruenz nach sich: Irgend zwei durch die Inversion am Kreis einander zugeordneten Punkten der Bildebene entsprechen zwei reziproke Polaren bezüglich der Bildfläche 2. Ordnung des Kreises in der linearen Kongruenz [1].

Hat insbesondere der Inversionskreis die Gleichung

$$- \varepsilon^2 \xi^2 + \eta^2 = 1 , \qquad (5,31)$$

so wird die durch die Polarität bezüglich der Bildfläche bewirkte Paarung der Kongruenzstrahlen durch die Gleichungen

$$p_1 = -p_4', \quad p_4 = -p_1', \quad p_5 = p_5', \quad p_6 = p_6' \qquad (5,32)$$

gekennzeichnet. Durch (5,32) wird einer Regelfläche der linearen Kongruenz eine andere Regelfläche zugeordnet. Zwischen den Koordinaten ξ_i der <u>ursprünglichen</u> Bildkurve und den Punktkoordinaten x_i der bezüglich der Bildfläche von (5,31) reziprok polaren Regelfläche bestehen die Beziehungen:

$$\begin{aligned}
\xi_1 &= \varrho\,(x_1 x_3 - x_2 x_4) , \\
\xi_2 &= \varrho\,(\varepsilon^2 x_1 x_4 - x_2 x_3) , \\
\xi_3 &= \varrho\,(\varepsilon^2 x_1^2 - x_2^2) .
\end{aligned} \qquad (5,33)$$

Eine Kurve $\mathcal{L}$ von der Ordnung n geht bei der Inversion bezüglich (5,31) i.a. in eine Kurve von der Ordnung 2n über. Ihre Bildfläche ist i.a. von der Ordnung 2n. Man erhält die Gleichung der Bildfläche durch Einsetzen von (5,33) in die Gleichung der Ausgangskurve.

Es sei $f(\xi_1, \xi_2, \xi_3) = 0$ die Gleichung einer algebraischen Kurve $\mathcal{L}$ von der Ordnung n. Die Bildfläche der ihr durch Inversion an (5,31) zugeordneten Kurve hat die Gleichung

$$f(x_1x_3 - x_2x_4, \quad \varepsilon^2 x_1x_4 - x_2x_3, \quad \varepsilon^2 x_1^2 - x_2^2) = 0. \quad (5,34)$$

Schneidet man (5,34) mit einer Ebene des Büschels $x_1 = cx_2$, so erhält man

$$x_2^n f(cx_3 - x_4, \quad \varepsilon^2 cx_4 - x_3, \quad (\varepsilon^2 c^2 - 1)x_2) = 0. \quad (5,35)$$

Die Bildfläche hat daher die Gerade $x_1 = x_2 = 0$ als n-fache Erzeugende. Die Ebenen $x_1 = cx_2$ entsprechen den Parallelebenen $z = \gamma$ in V,2,3. Sie schneiden aus der Fläche außer der n-fachen Erzeugenden noch Kurven n-ter Ordnung aus.

Die Schnittkurve mit der Ebene $x_1 = 0$ ergibt sich aus $\mathcal{L}$ durch die Transformation

$$\xi_1 = \varrho\, x_4, \quad \xi_2 = \varrho\, x_3, \quad \xi_3 = \varrho\, x_2. \quad (5,36)$$

Dies ist eine Kollineation zwischen der abgebildeten ξ-η-Bildebene und der y-z-Ebene. Und zwar ist die Kollineation für alle Kongruenztypen dieselbe, so daß die einer festen Kurve $\mathcal{L}$ zugeordnete Fläche (5,34) in der elliptischen linearen Kongruenz mit der zum selben λ gehörigen Fläche in der hyperbolischen linearen Kongruenz die Schnittkurve mit der y-z-Ebene gemeinsam hat.

Die Schnittkurve mit $x_2 = 0$ erhält man aus (5,34) zu

$$f(x_3, \quad \varepsilon^2 x_4, \quad \varepsilon^2 x_1) = 0,$$

sie entsteht also aus $\mathcal{L}$ durch die Kollineation

$$\xi_1 = \varrho\, x_3, \quad \xi_2 = \varepsilon^2 \varrho\, x_4, \quad \xi_3 = \varepsilon^2 \varrho\, x_1. \quad (5,37)$$

Durch (5,36) und (5,37) ist die folgende projektive Beziehung zwischen der y-z-Ebene und der x-z-Ebene definiert (die Koordinaten in der x-z-Ebene sind durch Striche gekennzeichnet):

$$\varepsilon^2 x_1' = \varrho\, x_2, \quad x_3' = \varrho\, x_4, \quad \varepsilon^2 x_4' = \varrho\, x_3. \quad (5,38)$$

Damit hat man eine Erzeugungsweise der Flächen (5,34) gefunden: Durch (5,36) und (5,37) erhält man aus $\mathcal{L}$ in den Ebenen $x = 0$ und $y = 0$ zwei Kurven, deren Punkte durch (5,38) einander zugeordnet sind. Die Verbindungsgeraden einander entsprechender Punkte sind die Erzeugenden der Regelfläche (5,34).

Es sollen schließlich noch einige Eigenschaften der einer Kurve $\mathcal{L}$ von 2. Ordnung durch (5,33) zugeordneten Regelfläche (5,34) ermittelt werden. Alle solche Flächen haben den Hauptstrahl $x = y = 0$ als Doppelerzeugende. Die Restschnitte der Ebenen $x = cy$, $c^2 \neq \varepsilon^2$ mit den Flächen sind Kegelschnitte, deren Gleichung man durch die Transformation (5,33) erhält. Für $c^2 = \varepsilon^2$ enthält die Schnittebene eine Leitgerade. Die Unterscheidung der Flächen nach dem Verhalten ihrer Doppelerzeugenden ergibt sich wie in III.

Auch die Aussagen über Torsalstrahlen, über Flächen, auf denen Tetraeder liegen, über Oskulationshyperboloide sowie die Klassifizierung der einem KS-Büschel zugeordneten Büschel von Flächen (5,34) verlaufen analog wie in Kapitel IV, wobei nur stets die neue, eigentliche Lage der Doppelerzeugenden beachtet werden muß. Allerdings ist u.a. die konstruktive Ermittlung der Torsalstrahlen nicht mehr so einfach wie in III. Bei geeigneter Wahl von c_1, c_2, d_1, d_2 $[c_1 = \frac{1}{3}\sqrt{3}, c_2 = \frac{2}{3}, d_1 = 0, d_2 = -\frac{4}{3}]$ sind die Grundpunkte P_1, P_2, P_3, P_4 des Büschels (5,14) Eckpunkte und Schwerpunkt eines gleichseitigen Dreiecks. Führt man die Inversion am Einheitskreis mit dem Schwerpunkt des Dreiecks als Inversionszentrum durch, so geht das Kegelschnittbüschel in ein Büschel von Strophoiden über, dessen Gleichung, bezogen auf ein passendes ξ^*-η^*-Koordinatensystem, lautet:

$$\lambda[(\xi^* - \sqrt{3}\eta^*)(\xi^{*2} + \eta^{*2}) + \sqrt{3}(\xi^{*2} - \eta^{*2}) - 2\xi^*\eta^*] +$$
$$- 2\xi^*(\xi^{*2} + \eta^{*2}) + 4\xi^*\eta^* = 0. \tag{5,39}$$

Das Strophoidenbüschel hat den Koordinatenanfangspunkt als gemeinsamen Doppelpunkt und besitzt drei weitere Grundpunkte, die aus den Grundpunkten P_1, P_2, P_3 des Ausgangsbüschels entstehenden Punkte. Das Büschel ist in Abbildung 26 dargestellt. Jede Strophoide verläuft einmal durch die absoluten Kreispunkte. In der elliptischen linearen Kongruenz ist dem Büschel (5,39) vermöge (1,21) ein Büschel von Regelflächen 4. Ordnung 1. Art mit der Gleichung

$$\lambda\sqrt{3}[(x_2x_4 - x_1x_3)^2 - (x_1x_4 + x_2x_3)^2 - (x_1^2 + x_2^2)(x_1x_4 + x_2x_3)] +$$
$$\tag{5,40}$$
$$+ (\lambda-2)[(x_1^2 + x_2^2)(x_2x_4 - x_1x_3) - 2(x_2x_4 - x_1x_3)(x_1x_4 + x_2x_3)] = 0$$

zugeordnet. Die Flächenbüschel (5,40) und (5,16) sind zueinander reziprok polar bezüglich der Bildfläche des Einheitskreises.

Aus dem Büschel (5,9) erhält man in der elliptischen linearen Kongruenz ein bezüglich der Bildfläche des Einheitskreises reziprok polares Büschel von Regelflächen 4. Ordnung 1. Art mit der Gleichung:

$$(x_1^2 + x_2^2)^2 - c_1^2 (x_2 x_4 - x_1 x_3)^2 + c_2^2 (x_1 x_4 + x_2 x_3)^2 +$$
$$+ 3 c_1 c_2 \lambda (x_2 x_4 - x_1 x_3)(x_1 x_4 + x_2 x_3) = 0 . \quad (5,41)$$

Das Bildkurvenbüschel, das einem Flächenbüschel (5,41) durch die Abbildung (1,21) zugeordnet wird, ist für $c_1 = c_2 = 1$ in Abbildung 27 dargestellt.

6. Beziehungen zur Nomographie

Den Ablesegeraden der in [8], [9] behandelten Nomogramme von Funktionensystemen, die konjugierte Lösungen der Laplaceschen bzw. der eindimensionalen Wellengleichung darstellen, werden durch die Abbildung Regelflächen 2. Ordnung in der linearen Strahlenkongruenz zugeordnet. Daher kann man die Regelstrahlen der Flächen der behandelten Flächenbüschel so numerieren, wie es der Graduierung der Nomogramme entspricht. Dann lassen sich die Regelstrahlen der einzelnen Flächen der Flächenbüschel in folgender Weise zusammenfassen: Je ein Paar von Strahlen auf einer durch $\lambda \neq 0$ gekennzeichneten Büschelfläche liegt mit einem Paar von Strahlen der zu $\lambda = 0$ gehörigen (zerfallenden) Fläche auf einer angebbaren Regelfläche 2. Ordnung, so daß mit jedem der Flächenbüschel eine ∞^2-fache Mannigfaltigkeit von Regelflächen 2. Ordnung verknüpft wird. Dies gilt sowohl für die unter V,2., 3. behandelten als auch die mit ihnen reziprok polaren Flächenbüschel.

VI. Betragflächen elliptischer Funktionen

1. Allgemeines über Betragflächen elliptischer Funktionen

Trägt man den Betrag $|f(z)|$ einer analytischen Funktion $w = f(z)$[3] über jedem Punkt z des Definitionsbereiches der Funktion f(z) ab, so erhält man eine Fläche, die als Betragfläche der Funktion f(z) bezeichnet wird. Für diese Flächen ergeben sich einige allgemeine Sätze. So gilt z.B. für die von einem Punkt der Betragfläche ausgehenden und die Fläche tangierenden Halbgeraden ("Halbtangenten") der Satz (vgl. [6]):

---

3. Künftig wird nur Funktion f(z) geschrieben.

Die Halbtangenten an die Betragfläche einer analytischen Funktion $f(z)$ bilden an jeder im Endlichen gelegenen Regularitätsstelle z_o, die keine einfache Nullstelle von $f(z)$ ist, eine Tangentialebene; die Tangente in der Richtung

$$\varphi^* = \alpha_o - \alpha_1$$

schließt mit der x-y-Ebene den im Vergleich zu den anderen Tangenten größten Winkel ψ^*, gegeben durch

$$\psi^* = \text{arc tg} \, | f'(z_o) | \, ,$$

ein. In jeder mehrfachen Nullstelle von $f(z)$ fällt die Tangentialebene mit der x-y-Ebene zusammen. In einfachen Nullstellen z_o bilden die Halbtangenten der Betragfläche von $f(z)$ einen Kegel, dessen Erzeugende mit der x-y-Ebene den Winkel

$$\psi^* = \text{arc tg} \, | f'(z_o) |$$

bilden.

Dabei ist

$$f(z) = \sum_{\nu=0}^{\infty} a_\nu (z - z_o)^\nu \, ,$$

$$a_\nu = A_\nu e^{i\alpha_\nu}, \quad z - z_o = \zeta = r \, e^{i\varphi} \, .$$

(6,1)

Berechnet man die erste und die zweite Grundform der Betragfläche von $f(z)$ (vgl. [6], [13], [15]), so ergibt sich für die Gaußsche Krümmung:

$$K = |f''|^2 \, \frac{\text{Re} \, \frac{f'^2}{f \, f''} - 1}{(1+|f'|^2)^2} \, .$$

(6,2)

Es gilt also:

Ist in einem Punkte z_o der Betragfläche von $f(z)$

$$f''(z_o) \neq 0 \text{ und } \text{Re} \, \frac{f'^2(z_o)}{f(z_o) \, f''(z_o)} > 1 \text{ bzw. } < 1 \, ,$$

so ist die Betragfläche im Punkt z_o elliptisch bzw. hyperbolisch gekrümmt.

Ist dagegen

$$f''(z_o) = 0 \text{ oder } \text{Re} \, \frac{f'^2(z_o)}{f(z_o) \, f''(z_o)} = 1 \, ,$$

(6,3)

so ist die Fläche im Punkte z_o parabolisch gekrümmt.

Punkte mit parabolischer Krümmung liegen im allgemeinen auf zusammenhängenden Kurven, den parabolischen Kurven der Fläche. (Isolierte parabolische Punkte treten nur an Stellen z_o mit $f(z_o) \neq 0$, $f'(z_o) = f''(z_o) = 0$ auf (vgl. [15]).)

Besitzt die Funktion an der Stelle z_o eine Polstelle der Ordnung k, so ergibt sich

$$\frac{f'^2(z_o)}{f(z_o) f''(z_o)} = \frac{k}{k+1} \ . \qquad (6,4)$$

Die Betragfläche einer analytischen Funktion $f(z)$ ist also in einer (hinreichend kleinen) Umgebung eines im Endlichen gelegenen Poles hyperbolisch gekrümmt.

Für

$$f(z) = \frac{a}{z} \qquad (6,5)$$

erhält man

$$K = \frac{4 |a|^2}{r^6} \frac{\frac{1}{2} - 1}{(1 + \frac{|a|^2}{r^4})^2} = \frac{-2 |a|^2 r^2}{(r^4 + |a|^2)^2} \ . \qquad (6,6)$$

Auf bekanntem Wege findet man für die Asymptotenlinien der Fläche mit der Vektorgleichung

$$\mathfrak{r}(r,\varphi) = r \cos\varphi \, i + r \sin\varphi \, j + \frac{|a|}{r} \, k \qquad (6,7)$$

die Gleichung
$$r = C \, e^{\varphi/\sqrt{2}} \ . \qquad (6,8)$$

Analog ergibt sich für

$$f(z) = \frac{a}{z^2} \qquad (6,9)$$

die Gaußsche Krümmung
$$K = \frac{-12 |a|^2 r^4}{(r^6 + 4 |a|^2)^2} \ . \qquad (6,10)$$

Die Asymptotenlinien dieser Fläche haben die Gleichung:

$$r = C \, e^{\varphi/\sqrt{3}} \ . \qquad (6,11)$$

Über das Krümmungsverhalten in der Umgebung einer Nullstelle gilt: Die Betragfläche einer analytischen Funktion $f(z)$ ist in einer (hinreichend kleinen) Umgebung $(0 < |z - z_o| < \varepsilon)$ einer mehrfachen, im Endlichen gelegenen Nullstelle z_o elliptisch gekrümmt. Ist z_o eine einfache Nullstelle, so existieren in der genannten Umgebung $2k - 2$ Winkelräume von abwechselnd elliptischer und hyperbolischer Krümmung; k ist hierbei der Exponent des (abgesehen von dem Glied mit $z - z_o$) niedrigsten nichtverschwindenden Gliedes in (6,1).

An einer einfachen Nullstelle ergibt sich (vgl. [6], [15]):

$$\text{Re} \frac{f'^2}{f'' f} = \frac{A_1 r^{1-k}}{k(k-1) A_k} \cos[\alpha_1 - \alpha_k - (k-1)\varphi][1+o(1)]^{4)}. \quad (6,12)$$

Da dieser Ausdruck für $r \to 0$ beliebig wächst, entscheidet das Vorzeichen des cosinus über die Art der Krümmung.

Für Stellen z_o mit $f''(z_o) = 0$ gilt (vgl. [15]):

Die parabolische Kurve mündet mit genau $2k - 4$ Ästen in der Stelle z_o, wenn dort

$$f(z_o) \neq 0, \quad f'(z_o) \neq 0; \quad f''(z_o) = \ldots = f^{(k-1)}(z_o) = 0, \quad f^k(z_o) \neq 0$$

ist. Insbesondere liegt ein Punkt z_o mit $k = 3$ auf einem einfachen Bogen der parabolischen Kurve.

Für die Krümmung in der Umgebung einer solchen Stelle gilt (vgl. [15]):

$$K = \frac{k(k-1) A_k A_1^2 r^{k-2}}{A_o (1+A_1^2)^2} \cos[2\alpha_1 - \alpha_o - \alpha_k(k-2)\varphi][1+o(1)]^{4)}. \quad (6,13)$$

Das Vorzeichen von K hängt nur vom cosinus ab.

Diese (bekannten) Ergebnisse sollen nun auf die (in der Literatur noch nicht bekannte) Untersuchung der Betragflächen elliptischer Funktionen angewandt werden. Insbesondere soll das Krümmungsverhalten untersucht werden. Hierfür ist wegen (6,2) der Ausdruck

$$s = \frac{f'^2(z)}{f(z) f''(z)} \quad (6,14)$$

maßgebend.

Mit $f(z)$ stellt auch (6,14) eine elliptische Funktion dar. Da elliptische Funktionen im Periodenparallelogramm jeden Wert annehmen, besitzt die Betragfläche Stellen mit elliptischer, parabolischer und hyperbolischer Krümmung. Insbesondere erhält man die Normalprojektionen der parabolischen Kurven auf die x-y-Ebene, im folgenden kurz parabolische Kurven

---

4. Das Symbol $o(1)$ bezeichnet Glieder, die für $z \to z_o$ verschwinden.

genannt, als Bilder der Geraden Re s = 1, wenn man die durch (6,14) vermittelte konforme Abbildung betrachtet.

2. Betragflächen der Weierstraßschen $\wp$-Funktion

Aus

$$f(z) = \wp(z) = \frac{1}{z^2} + \frac{g_2}{2^2 \cdot 5} z^2 + \ldots \qquad (6,15)$$

entnimmt man, daß sich die Betragfläche in der Umgebung von $z = 0$ verhält wie die der unter 1. behandelten Funktion (6,9) mit $a = 1$. Unter den Annahmen

$$e_1 > e_2 > 0 > e_3, \text{ alle } e_i \text{ reell},$$

besitzt (6,15) zwei einfache Nullstellen, in denen Kegelspitzen der Betragflächen vorliegen.

Das Periodengitter ist ein Rechteckgitter, auf dessen Seiten und auf dessen Mittenlinien $\wp(z)$ reelle Werte annimmt. Infolge der Symmetrieeigenschaften kann man sich für die weitere Untersuchung auf das durch die halben Perioden ω und ω' bestimmte Viertel des Periodenrechtecks beschränken. Mit $f(z) = \wp(z)$ nimmt auch (6,14) auf dem Rande dieses Rechtecks stets reelle Werte an und besitzt für $z = 0$ den Wert $\frac{2}{3}$. Für $z = \omega$, $z = \omega'$ sowie $z = \omega + \omega'$ verschwindet (6,14). Weiter läßt sich aus bekannten Eigenschaften der $\wp$-Funktion schließen, daß der Ausdruck (6,14) drei auf dem Rande des Rechtecks gelegene Pole $A(\wp = 0)$, B und $C(\wp'' = 0)$ besitzt und zwar liegt B zwischen ω und $\omega + \omega'$, A und C zwischen $\omega + \omega'$ und ω'. Der Wert 1 wird von (6,14) auf dem Rande des Rechtecks nur einmal angenommen.

Die Krümmung in der Umgebung einer einfachen Nullstelle ergibt sich aus (6,12).

An der Stelle A ist dabei wegen

$$\wp''(A) = \frac{1}{2} g_2 < 0$$

$k = 2$ und $\alpha_2 = \pi$.

Da die erste Ableitung an dieser Stelle reell und positiv ist, ist auch $\alpha_1 = 0$.

Da an den Stellen B und C wegen

$$\wp'''(z) = 12 \wp(z) \wp'(z)$$

die dritte Ableitung nicht verschwindet, liegen B und C auf einem einfachen Bogen einer parabolischen Kurve. Das Vorzeichen der Krümmung ergibt sich aus (6,13).

An der Stelle B ist nun:

$$\wp(B) > 0, \qquad \wp'(B) = i\beta^2 \qquad (\beta \text{ reell}),$$

also:

$$k = 3, \quad \alpha_0 = 0, \quad \alpha_1 = \frac{\pi}{2}, \quad \alpha_3 = \frac{\pi}{2}.$$

An der Stelle C ist:

$$\wp(C) < 0, \qquad \wp'(C) > 0, \qquad \text{reell},$$

also:

$$k = 3, \quad \alpha_0 = \pi, \quad \alpha_1 = 0, \quad \alpha_3 = \pi.$$

Daher ergibt sich aus (6,12) für A und aus (6,13) für B und C: Die parabolische Kurve schneidet in A, B und C den Rand des Rechteckes senkrecht.

Diese Ergebnisse sind in Abbildung 28 zusammengefaßt.

Will man den Verlauf der parabolischen Kurven im Inneren des Rechteckes verfolgen, kann man entweder die durch (6,14) vermittelte konforme Abbildung untersuchen, oder man versucht Punkte der parabolischen Kurven durch Näherungsverfahren zu ermitteln. So ist z.B. folgendes Verfahren möglich:

Man berechnet

$$\eta = \text{Re} \, \frac{\wp'^2(z)}{\wp(z)\wp''(z)} = \text{Re} \, \frac{4\wp^3(z) - g_2 \wp(z) - g_3}{6\wp^3(z) - \frac{1}{2} g_2 \wp(z)}, \quad z = x + iy$$

für mehrere x bei konstantem y und trägt die Werte über x ab. Man erhält so für jedes y eine Kurve. Die Schnittpunkte dieser Kurven mit der Geraden $\eta = 1$ liefern Punkte der parabolischen Kurve.

Bei geeigneter Modifikation des Verfahrens lassen sich auf diese Weise die parabolischen Kurven durch elektronische Rechenmaschinen ermitteln. Abbildung 29 zeigt die so gewonnenen Kurven für eine spezielle $\wp$-Funktion mit

$$e_1 = 1; \quad e_2 = 0{,}5; \quad e_3 = -1{,}5.$$

Ist $e_2 = 0$, so besitzt die $\wp$-Funktion eine doppelte Nullstelle. Dann zeigt die Betragfläche ein anderes Krümmungsverhalten. Der Fall

$$e_1 = 1; \quad e_2 = 0; \quad e_3 = -1$$

wird als Beispiel in 5. untersucht.

3. Betragflächen der Jacobischen elliptischen Funktionen

Diese sollen am Beispiel der Funktion

$$f(z) = \text{sn}(z, k^2), \quad k^2 \text{ reell}, \quad 0 < k^2 < 1 \qquad (6,16)$$

diskutiert werden.

Infolge der Symmetrieeigenschaften kann man die Untersuchung auf das Rechteck $(0, K, K + iK', iK')$ beschränken.

An der Stelle iK' besitzt die Funktion einen einfachen Pol. Die Betragfläche verhält sich in der Umgebung dieser Stelle wie die Funktion $w = 1/z$.

Es ist zu untersuchen, für welchen Wert z_o (6,14) den Wert 1 annimmt. Er bestimmt sich aus

$$\text{sn}(z_o, k^2) = \frac{1}{\pm\sqrt{k}} \quad \text{bzw.} \quad \text{sn}(z_o, k^2) = \frac{i}{\pm\sqrt{k}}.$$

Hieraus ergeben sich die Werte

$$z_{o1} = K + \frac{i}{2}K' \quad \text{bzw.} \quad z_{o2} = 3K + \frac{5}{2}iK',$$

$$z_{o3} = \frac{i}{2}K' \quad \text{bzw.} \quad z_{o4} = \frac{3}{2}iK'.$$

Hiervon liegen auf dem Rande des betrachteten Rechtecks nur $z_{o1} = A$ und $z_{o3} = B$.

An der Stelle $z = 0$ besitzt die Funktion eine einfache Nullstelle. Die Betragfläche hat also dort einen Tangentenkegel. Das Vorzeichen der Krümmung in der Umgebung der Nullstelle ergibt sich aus (6,12).

Die Reihenentwicklung von (6,16) ergibt: $k = 3$; $\alpha_1 = 0$, $\alpha_3 = \pi$.
Hieraus läßt sich schließen, daß die parabolische Kurve in $z = 0$ die Gerade $y = x$ zur Tangente hat.

Weiter zeigt sich, daß Nullstellen von $f''(z)$ vorliegen für $z_o = 0$ und $z_o = C$

mit

$$\text{sn}(C, k^2) = \sqrt{\frac{1+k^2}{2k^2}}. \text{ Wegen } 0 < k^2 < 1 \text{ gilt } \sqrt{\frac{1}{k}} < \sqrt{\frac{1+k^2}{2k^2}} < \frac{1}{k}.$$

Somit liegt C auf dem rechten Rand des betrachteten Rechtecks zwischen z_{o1} und $K + iK'$. Wegen $f'''(C) \neq 0$ liegt C auf einem einfachen Bogen einer parabolischen Kurve.

Ferner ist an der Stelle C

$$f'(C) = -i\beta^2 \qquad (\beta \text{ reell})$$

und daher

$$k = 3; \quad \alpha_0 = 0, \quad \alpha_1 = -\frac{\pi}{2}, \quad \alpha_3 = -\frac{\pi}{2}.$$

Die parabolische Kurve schneidet also den Rand des Rechteckes in C senkrecht. Der Krümmungsverlauf auf dem Rande des Rechtecks wird durch Abbildung 30 gekennzeichnet.

Die konforme Abbildung (6,14) ergibt mit $f^2(z) = sn^2(z) = v$:

$$s = \frac{f'^2(z)}{f''(z) f(z)} = \frac{(1-v)(1-k^2 v)}{-v(1+k^2-2k^2 v)}, \qquad (6,17)$$

$$v^2 + \alpha v + \beta = 0, \qquad (6,18)$$

wobei

$$\alpha = \frac{(s-1)(1+k^2)}{k^2(1-2s)}, \quad \beta = \frac{1}{k^2(1-2s)},$$

$$v_{I,II} = -\frac{\alpha}{2} \pm \sqrt{\left(\frac{\alpha}{2}\right)^2 - \beta}. \qquad (6,19)$$

Die Verzweigungspunkte der Riemannschen Fläche, auf der $v = f^2(z)$ eine eindeutige Funktion von s ist, liegen nicht auf Re s = 1, so daß Re s = 1 zwei in den beiden Blättern der Fläche übereinander liegende Geraden darstellt. Daher entsprechen Re s = 1 zwei getrennt liegende Kurven der v-Ebene. Durch $u = \sqrt{v}$ kann die v-Ebene auf die obere Halbebene der u-Ebene abgebildet werden; $u = sn(z, k^2)$ liefert dann die Abbildung dieser Halbebene auf das Rechteck $-K, +K, K + iK', -K + iK'$.

4. Benutzung von Nomogrammen zur Darstellung der Betragflächen

Aus den in [8], [9] entwickelten Nomogrammen für die Funktionen

$$w = \ln[\wp(z; e_1, e_2, e_3) - e_2] \qquad (6,20)$$

und

$$w = \ln \text{sn}(z, k^2) \qquad (6,21)$$

können wegen

$$\ln r\, e^{i\varphi} = \ln r + i\varphi$$

sofort Punkte der Kurven konstanten Betrages, d.h. der Höhenlinien der Betragfläche abgelesen werden. Mit Hilfe des Nomogramms für $w = e^z$ erhält man dann aus $\ln r$ sofort r, den Betrag der untersuchten Funktion.

So läßt sich dann z.B. ein axonometrisches Bild der Betragfläche herstellen.

5. Ermittlung der parabolischen Kurven von Betragflächen mit Hilfe von Nomogrammen

a) Betragfläche der $\wp$-Funktion mit doppelter Nullstelle:

Betrachtet wird der Fall:

$$e_1 = 1, \quad e_2 = 0, \quad e_3 = -1,$$

$$k^2 = \frac{e_2 - e_3}{e_1 - e_3} = 0,5,$$

$$g_2 = 2(e_1^2 + e_2^2 + e_3^2) = 4, \quad g_3 = 0.$$

Nun ist nach VI,1. die parabolische Kurve das Bild von Re $s = 1$ und daher durch

$$s = \frac{\wp'^2}{\wp \wp''} = \frac{2\wp^2 - 2}{3\wp^2 - 1} = 1 + it$$

festgelegt. Das ergibt

$$\wp^2 = \frac{1 - it}{-1 - 3it} = \frac{-(1 - 3t^2 - 4it)}{1 + 9t^2}.$$

Berechnet wurden Punkte im Bereich $-\infty \leq t \leq +\infty$. Mit Hilfe eines Nomogramms für $w = e^z$ (vgl. [8]) erhält man aus $\wp^2$ zunächst $2\ln\wp$; dann liefert wegen $e_2 = 0$ das Nomogramm für (6,20) die Punkte der parabolischen Kurve (Abb. 31).

b) Betragfläche von $f(z) = \text{sn}(z, k^2)$, $k^2 = 0,5$:

Zerlegt man α und β in (6,19) in Real- und Imaginärteil und setzt $s = 1 + it$, $k^2 = 0,5$, so findet man

$$\alpha = \frac{-6t^2 - 3it}{4t^2 + 1} \; ,$$

$$\beta = \frac{-2 + 4it}{4t^2 + 1} \; .$$

Berechnet wurden Werte für $-\infty \leq t \leq +\infty$. Das Nomogramm für $w = z^2$ (vgl. [8]) liefert $(\frac{\alpha}{2})^2$; dann bildet man

$$(\frac{\alpha}{2})^2 - \beta$$

und bestimmt

$$\pm \sqrt{(\frac{\alpha}{2})^2 - \beta}$$

mit Hilfe desselben Nomogramms.

Hieraus findet man v_I, v_{II} gemäß (6,19). Die beiden hierdurch gegebenen Kurven sind in Abbildung 32 dargestellt. Ein Nomogramm für $w = e^z$ liefert $\frac{1}{2} \ln v_{II}$. Mit Hilfe eines Nomogramms für (6,21) gewinnt man hieraus die Punkte der zu v_{II} gehörigen einen parabolischen Kurve (Abb. 33).

Zusammenfassung

Die vorstehenden Untersuchungen stellen eine Verknüpfung zwischen dem Gebiet der nomographischen Darstellung von Funktionensystemen und der Geometrie zweidimensionaler Geradenmannigfaltigkeiten, den linearen Strahlenkongruenzen, dar. Die in [8], [9] entwickelten Nomogramme für Funktionen einer komplexen Veränderlichen und für solche Systeme von zwei Funktionen von zwei reellen Veränderlichen, die konjugierte Lösungen der eindimensionalen Wellengleichung sind, führen zu geometrischen Konfigurationen, die durch verschiedene Typen von Kegelschnittbüscheln gekennzeichnet sind. Vermöge einer durch Abbildung vermittelten i.a. umkehrbar eindeutigen Zuordnung zwischen den ∞^2 Punkten einer Ebene mit euklidischer bzw. pseudoeuklidischer Metrik und den ∞^2 Strahlen einer elliptischen bzw. hyperbolischen linearen Kongruenz werden diesen Konfigurationen in der Bildebene solche in der linearen Kongruenz gegenübergestellt. Sie sind gekennzeichnet durch verschiedene Typen von

Büscheln von Regelflächen 4. Ordnung. Die Leitgeraden der Kongruenz sind Doppelstrahlen aller Regelflächen. Die projektiven und differentialgeometrischen Eigenschaften der einzelnen im Büschel enthaltenen Regelflächen werden ebenso wie der Zusammenhang der Flächen im Büschel eingehend untersucht. Dabei zeigt sich, daß ein großer Teil der geometrischen Eigenschaften der Bildregelflächen bereits aus entsprechenden Eigenschaften ihrer Bildkurven erschlossen werden kann. Andere Eigenschaften lassen sich dagegen nur durch unmittelbare Untersuchung der Flächen selbst gewinnen. Unter den in [10] entwickelten Nomogrammen sind neben den Fluchtliniennomogrammen auch solche mit Kreisen als Ablesekurven. Diese unterscheiden sich jedoch von den Fluchtliniennomogrammen, indem die skalentragenden Kurven jetzt Kurven 3. oder 4. Ordnung sind. Für die Bildflächen in der linearen Kongruenz ist dieser Unterschied bedeutungslos, da diese in beiden Fällen Regelflächen 4. Ordnung darstellen.

Die genannten Nomogramme geben nicht nur den Anstoß zur Untersuchung dieser Konfigurationen von Regelflächen 4. Ordnung in der linearen Kongruenz, sie erweisen sich auch als ein nützliches Hilfsmittel bei differentialgeometrischen Untersuchungen anderer Art, nämlich der Untersuchung der bisher noch nicht behandelten Betragflächen elliptischer Funktionen. Dabei wird u.a. außerdem ein Verfahren zur numerischen Ermittlung der parabolischen Kurven dieser Betragflächen angegeben.

Für die Mitwirkung bei den vorstehenden Untersuchungen danke ich Frau Stud. Ass. E. HAUPT sowie den Herren Stud. Ass. H. BEISSMANN[5], Stud. Ref. K. SOUVIGNIER[5] und Stud. Ref. W. REYERSBACH[5].

Prof. Dr. rer. techn. Fritz Reutter

---

5. Die Abbildungen 14 und 17 bis 25 bzw. 2 bis 8 und 10, 11 bzw. 28 bis 33 stellen einen Beitrag der Herren H. BEISSMANN bzw. K. SOUVIGNIER bzw. W. REYERSBACH dar.

Literaturverzeichnis

[1] HAENZEL, G. — Die Geometrie der linearen Strahlenkongruenz I, Journal für die reine und angewandte Math. (Crelle) Bd. 173 (1935), S. 91 - 113.

[2] HAENZEL, G. — Die Geometrie der linearen Strahlenkongruenz II, Journal für die reine und angewandte Math. (Crelle) Bd. 175 (1936), S. 169 - 181.

[3] HAENZEL, G. und F. REUTTER — Die Geometrie der linearen Strahlenkongruenz III, (Crelle) Bd. 178 (1938), S. 229 - 252.

[4] HAENZEL, G. und F. REUTTER — Die Geometrie der linearen Strahlenkongruenz IV, (Crelle) Bd. 185 (1943), S. 78 - 101.

[5] HEFFTER, L. und O. KOEHLER — Lehrbuch der Analytischen Geometrie, Bd. I, 1927.

[6] KREYSZIG, E. — Differentialgeometrie, Leipzig 1957.

[7] KRUPPA, E. — Analytische und konstruktive Differentialgeometrie, Wien 1957.

[8] REUTTER, F. — Untersuchungen über die nomographische Darstellbarkeit von Funktionen einer komplexen Veränderlichen und damit in Zusammenhang stehende Fragen der praktischen Mathematik.
Forschungsberichte des Landes Nordrhein-Westfalen Nr. 912, Opladen 1960.

[9] REUTTER, F. — Untersuchungen über die praktische Verwendbarkeit einiger Verfahren der angewandten Mathematik, insbesondere der graphischen Analysis sowie Entwicklung weiterer Verfahren für bestimmte Anwendungsaufgaben.
Forschungsberichte des Landes Nordrhein-Westfalen Nr. 1003, Opladen 1961.

[10] REUTTER, F.   Geometrische Untersuchungen über Nomogramme für elliptische Integrale erster Gattung und Jacobische elliptische Funktionen.
ZAMM 40, 1960, Teil I, S. 433-448, Teil II, S. 529-541.

[11] REUTTER, F.   Eine geometrische Darstellung der Weierstraß'schen $\wp$-Funktion.
ZAMM 41, 1961, S. 54 - 65.

[12] REUTTER, F.   Theorie der Fluchtliniennomogramme für Systeme von zwei Funktionen zweier reeller Veränderlichen.
ZAMM Bd. 40, 1960, S. 75 - 93.

[13] ULLRICH, E.   Betragflächen mit ausgezeichnetem Krümmungsverhalten,
Math. Zeitschr. 54 (1951), S. 297 - 328.

[14] WIELEITNER, H.   Ebene Algebraische Kurven,
Sammlung Göschen.

[15] ZAAT, J.   Differentialgeometrie der Betragflächen analytischer Funktionen,
Diss., Mitt. Math. Sem., Gießen, Heft 30.

Abbildungen

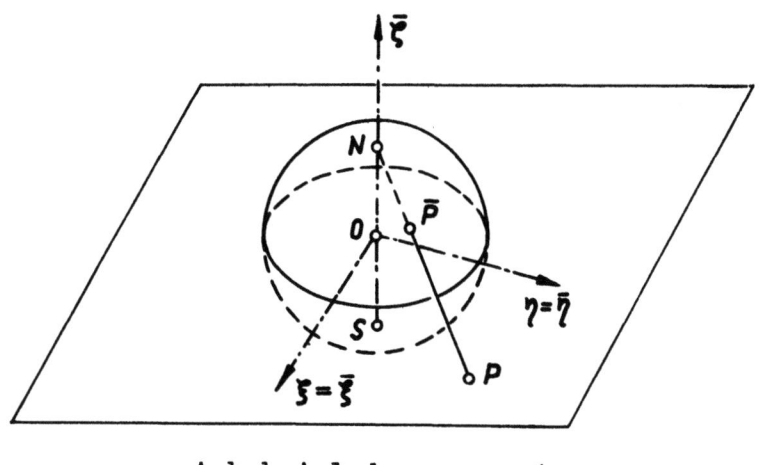

Abbildung 1a

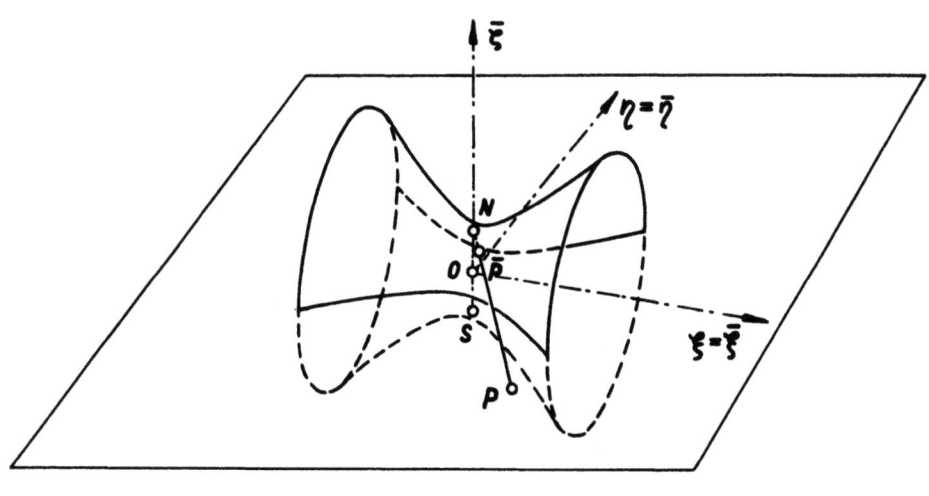

Abbildung 1b

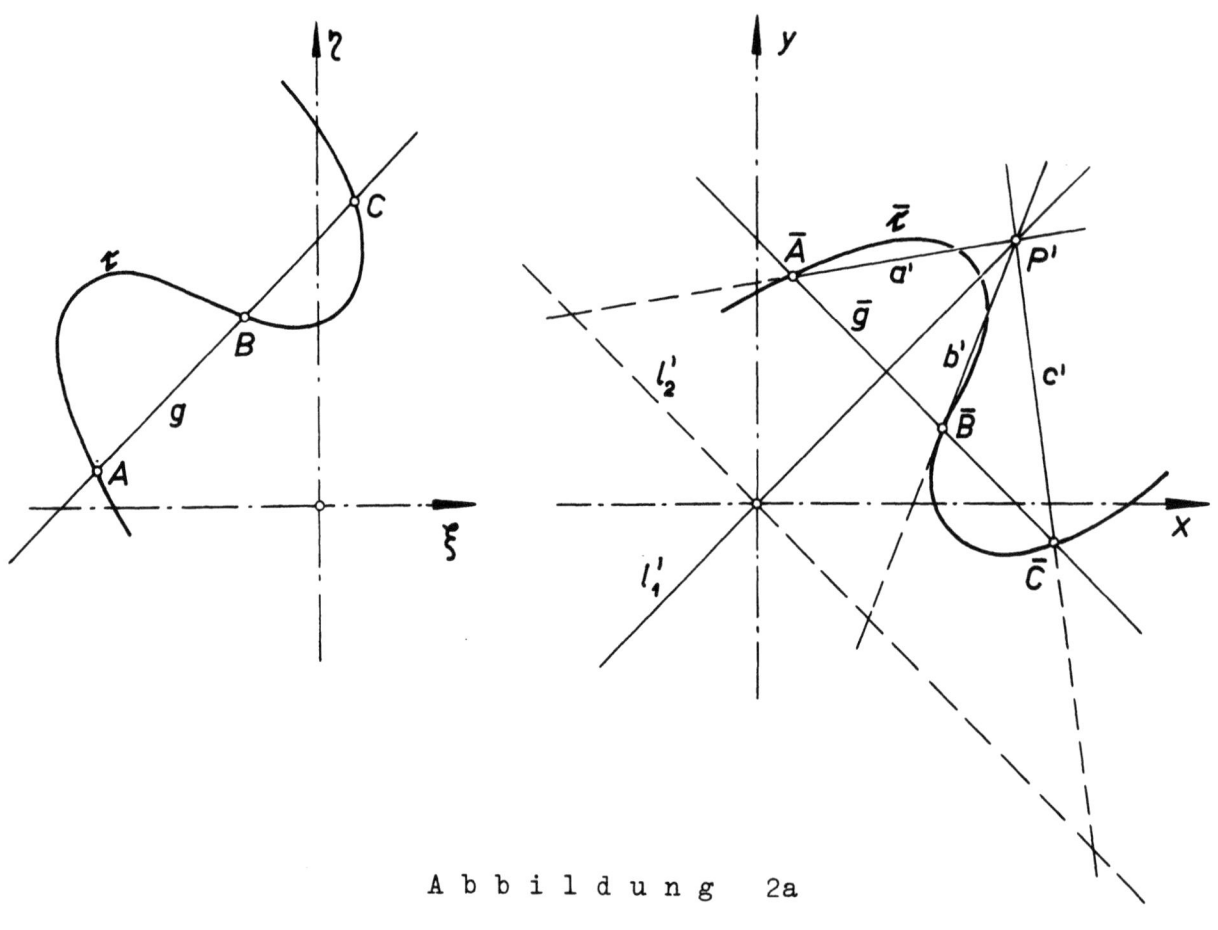

Abbildung 2a

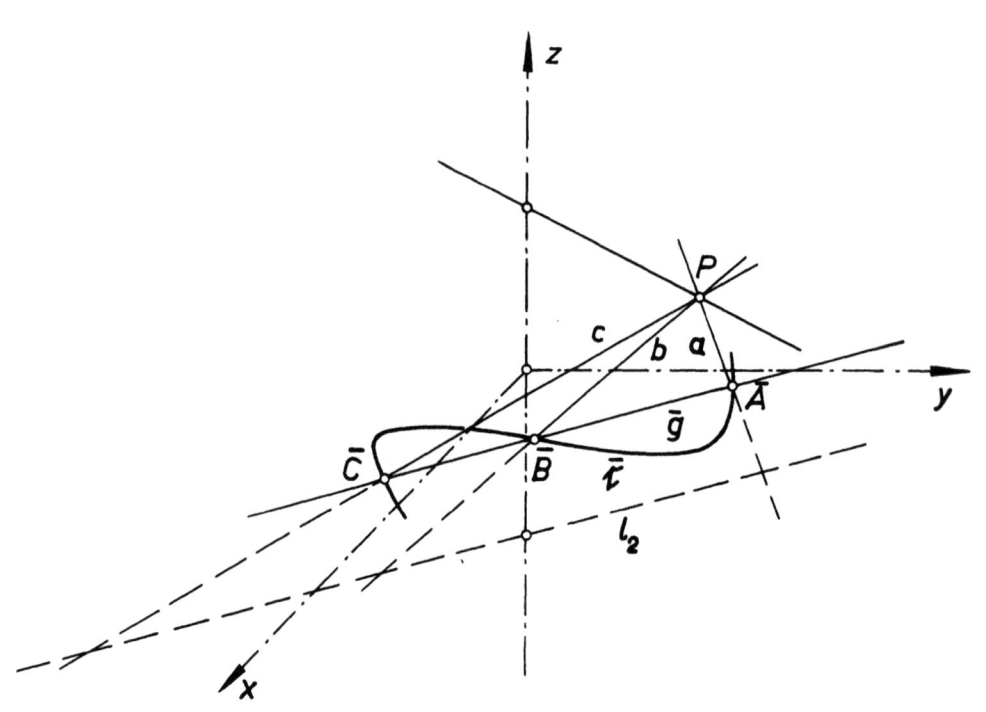

Abbildung 2b

Seite 76

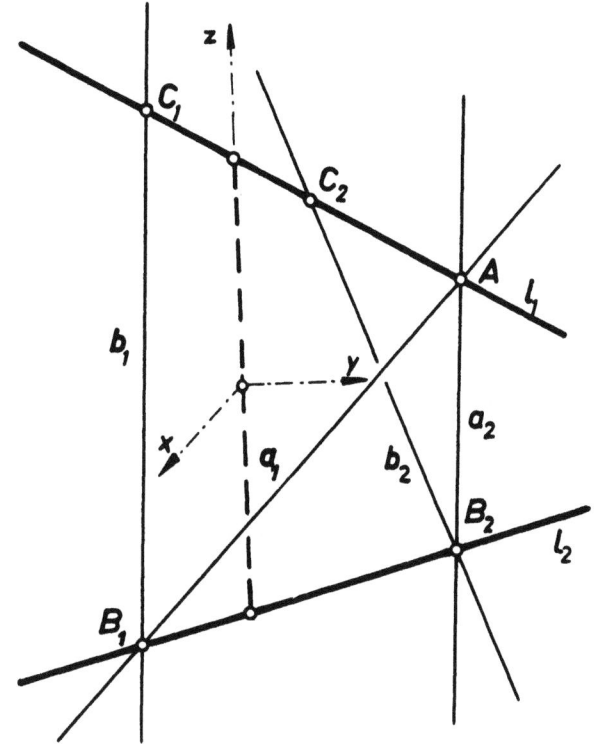

Abbildung 3

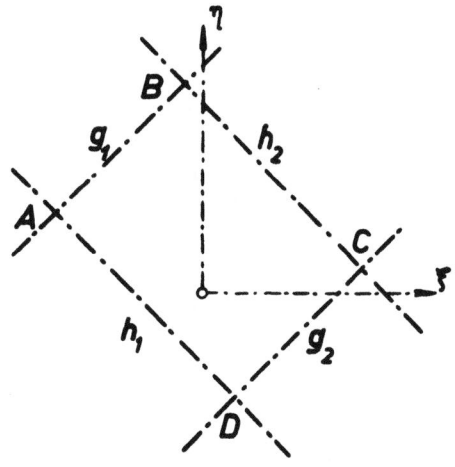

Abbildung 4a

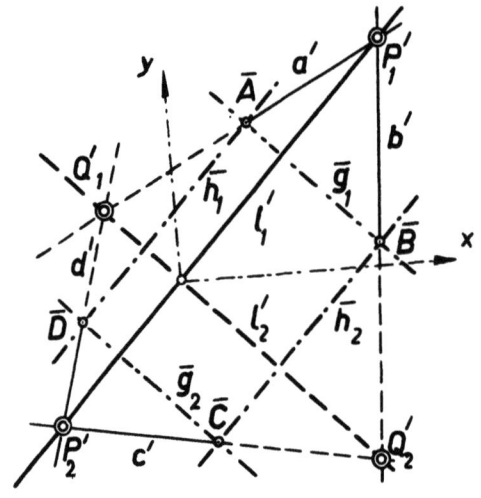

Abbildung 4b

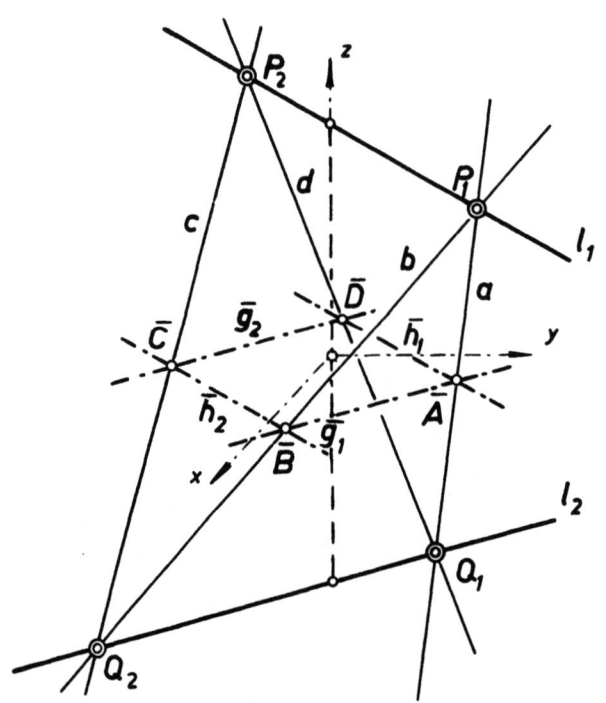

Abbildung 4c

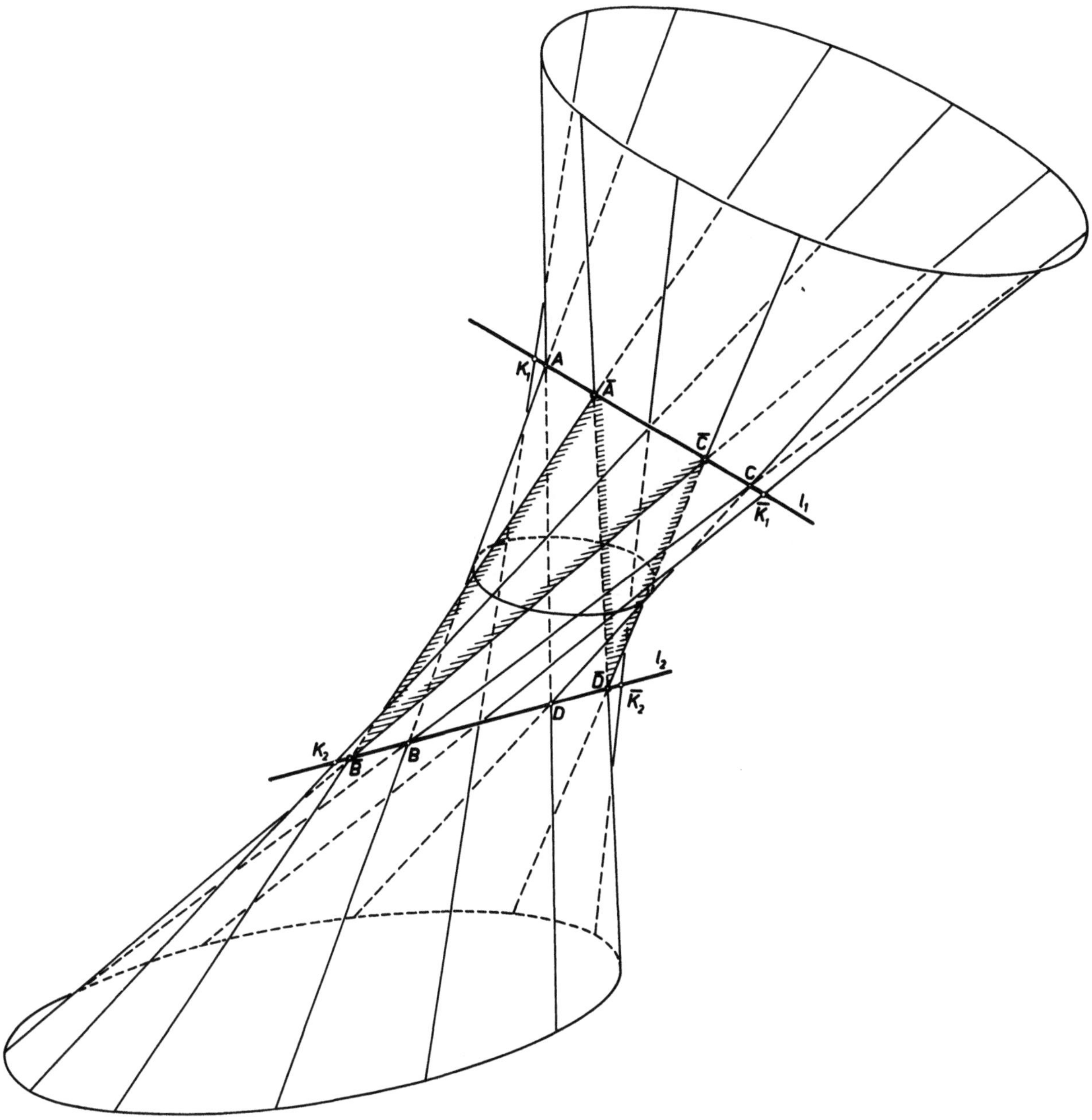

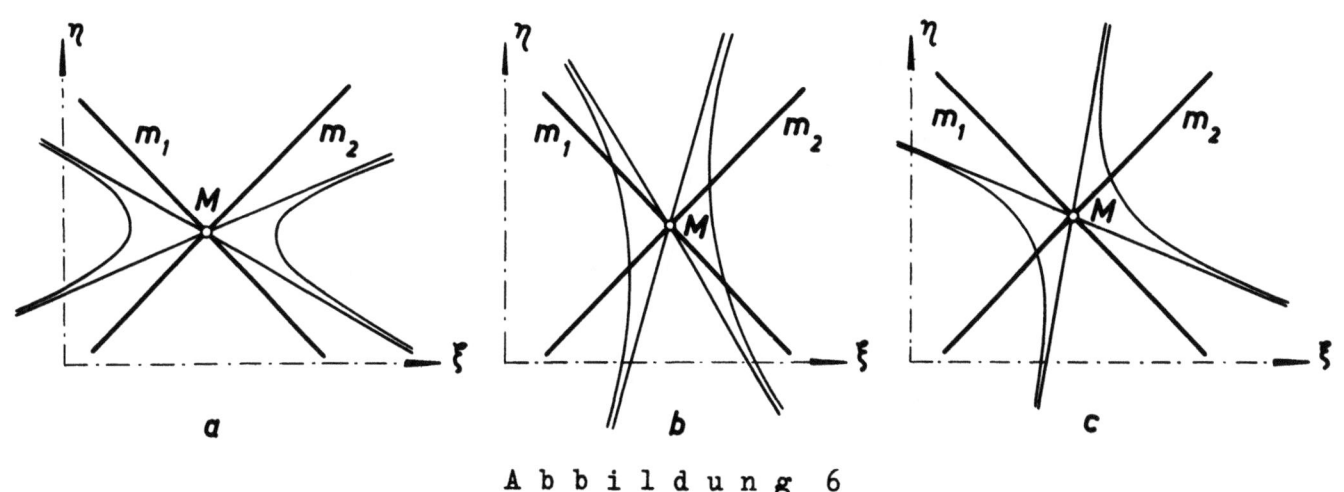

Abbildung 5

Abbildung 6

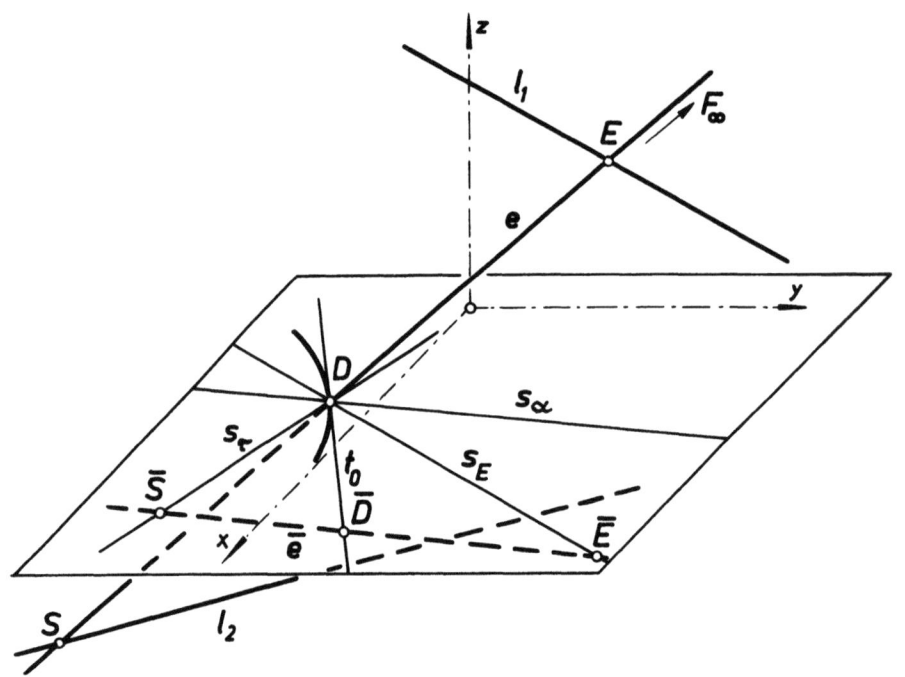

Abbildung 7a

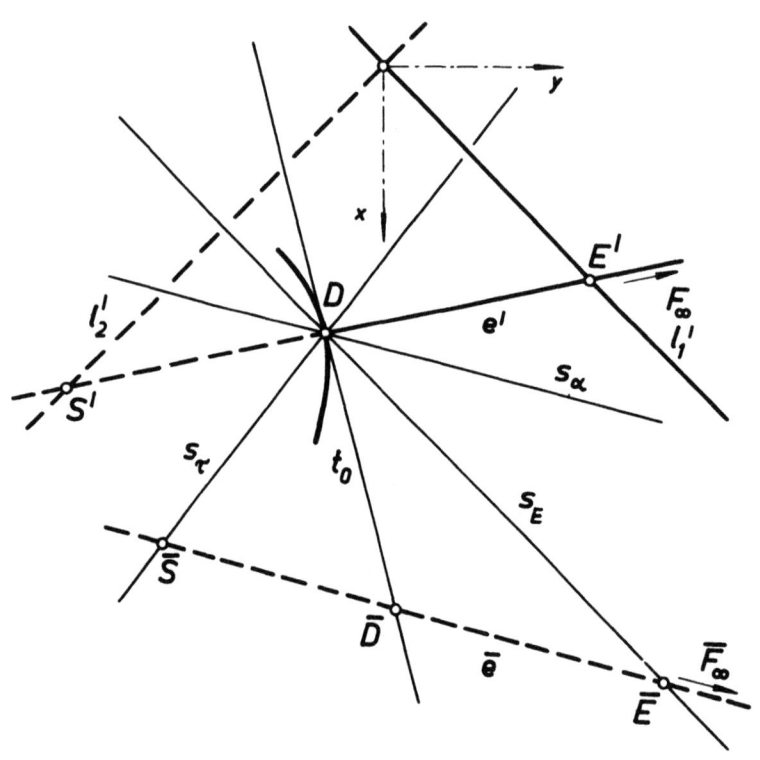

Abbildung 7b

Seite 80

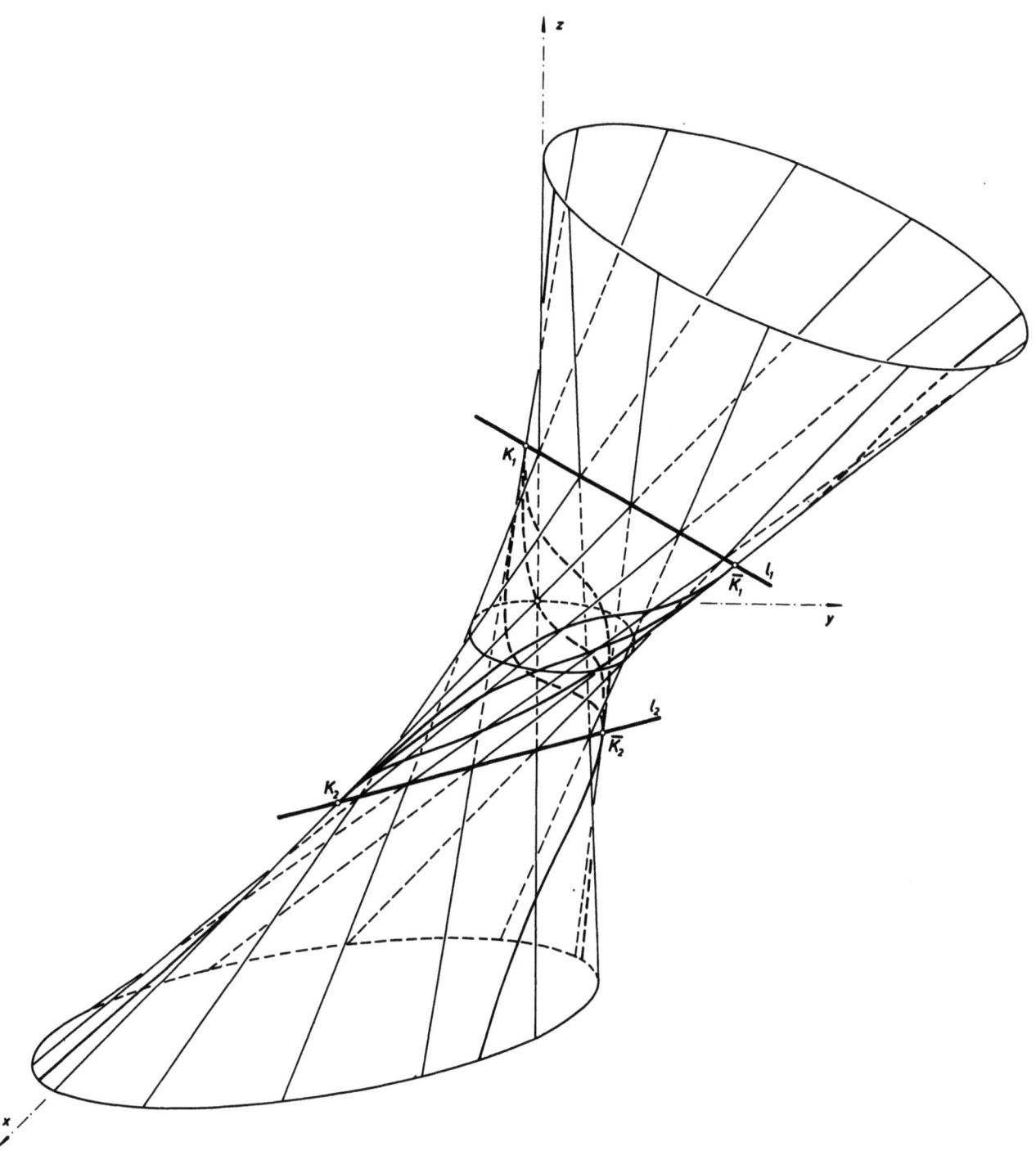

Abbildung 8

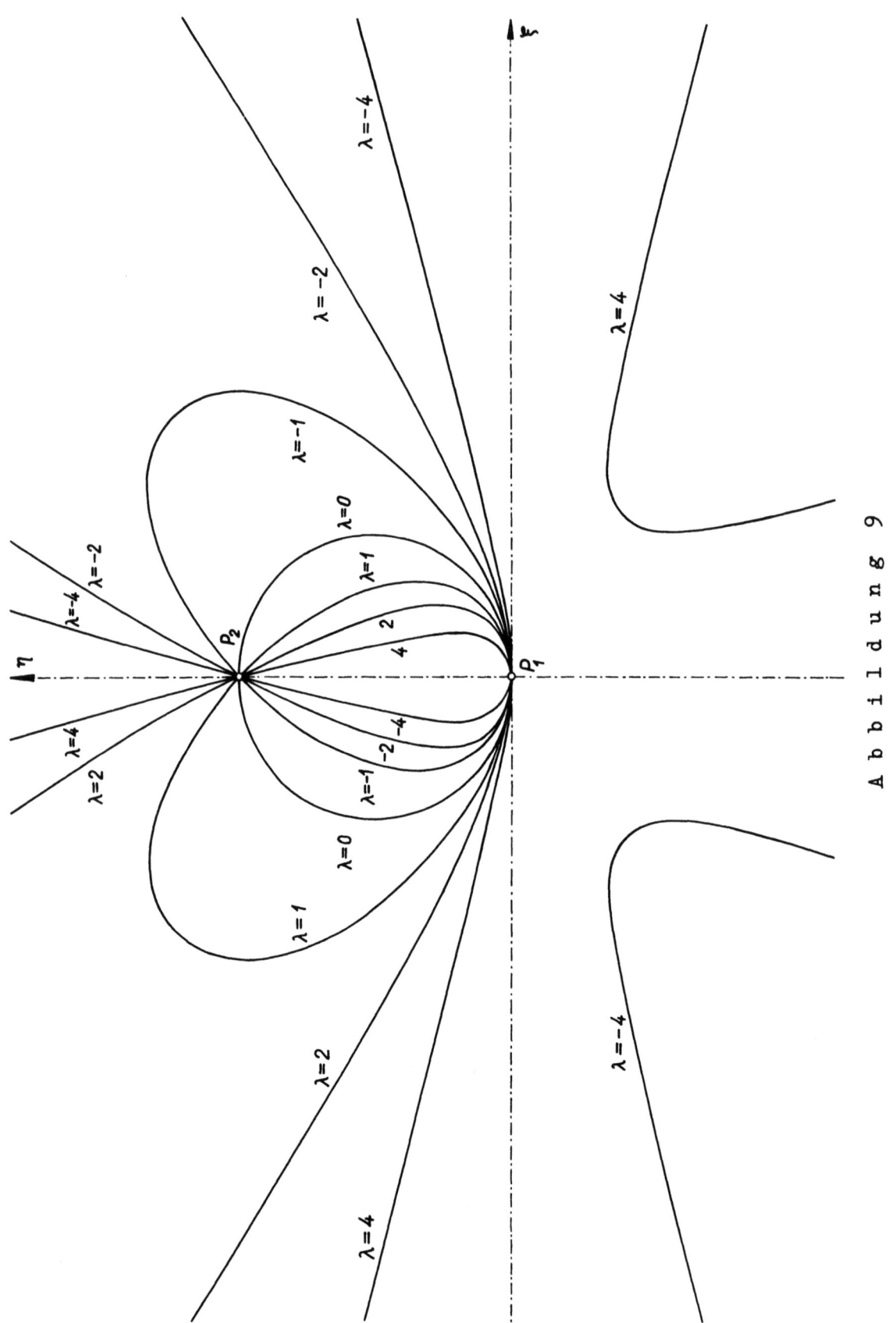

Abbildung 9

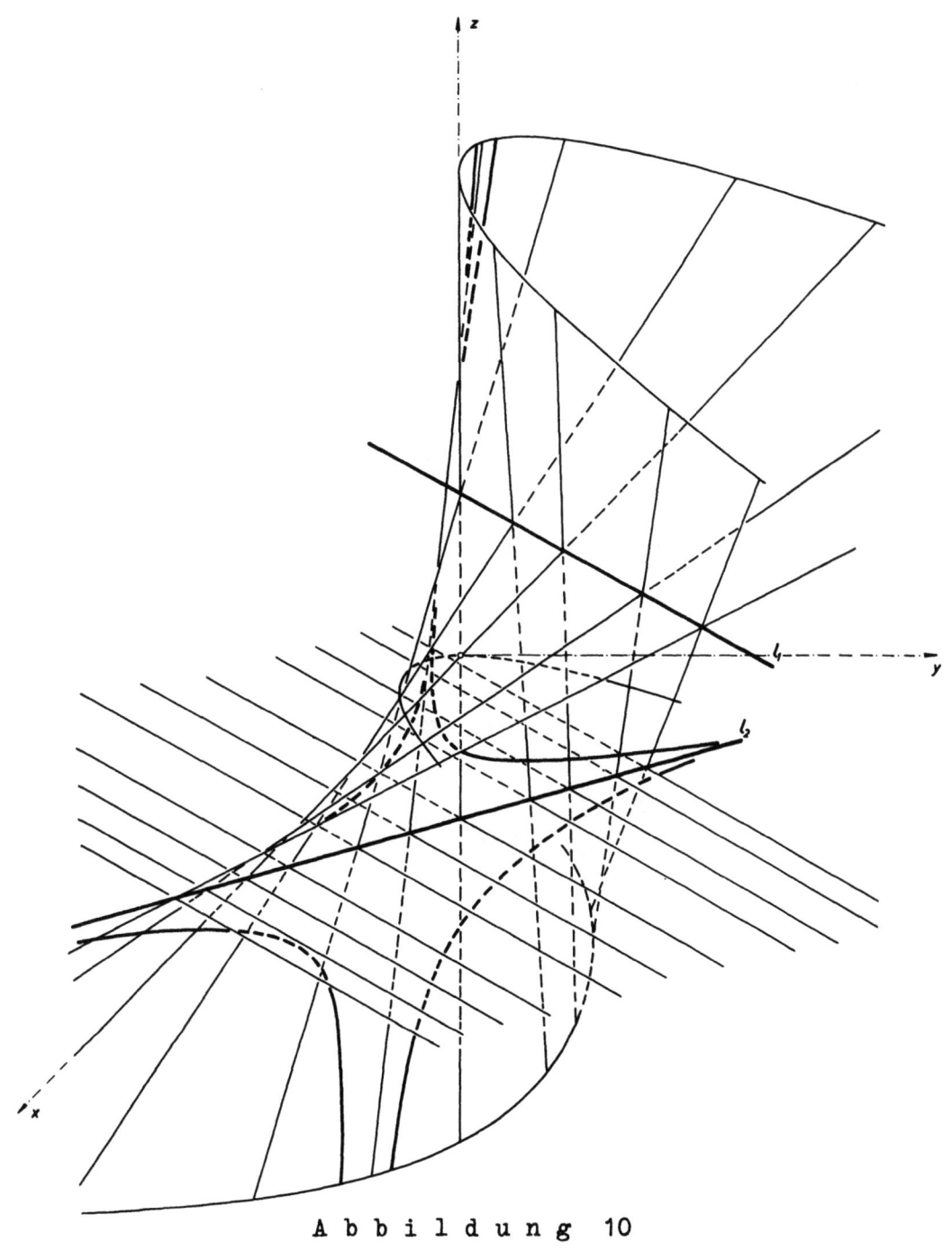

Abbildung 10

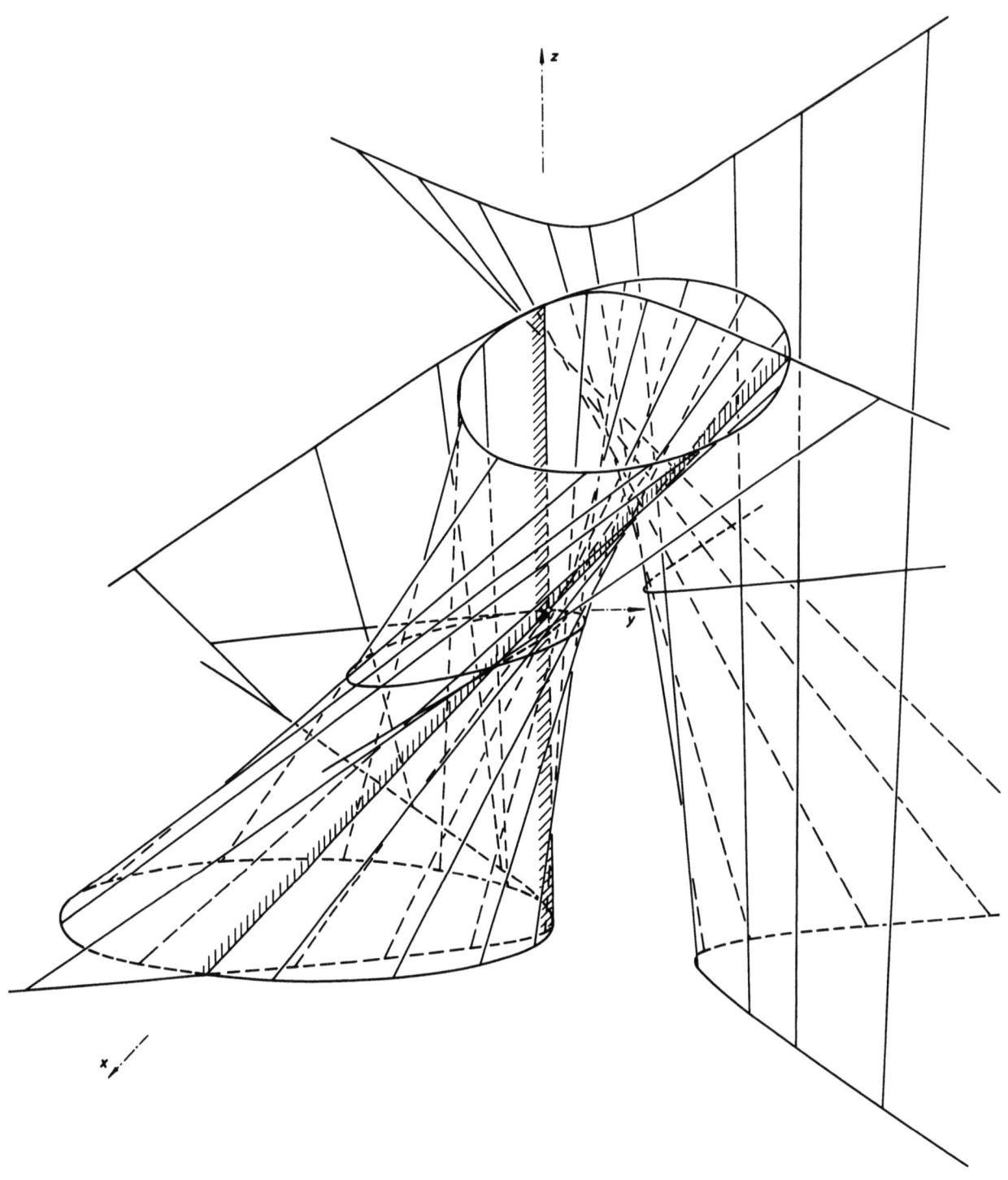

Abbildung 11

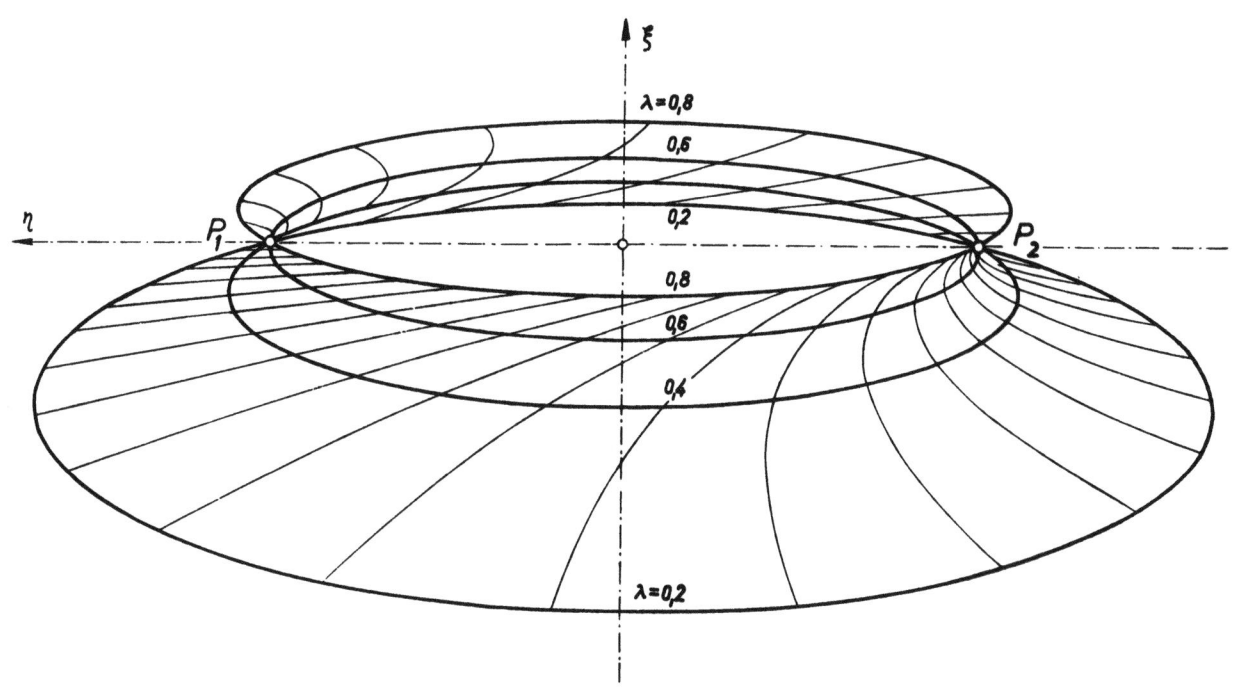

Abbildung 12

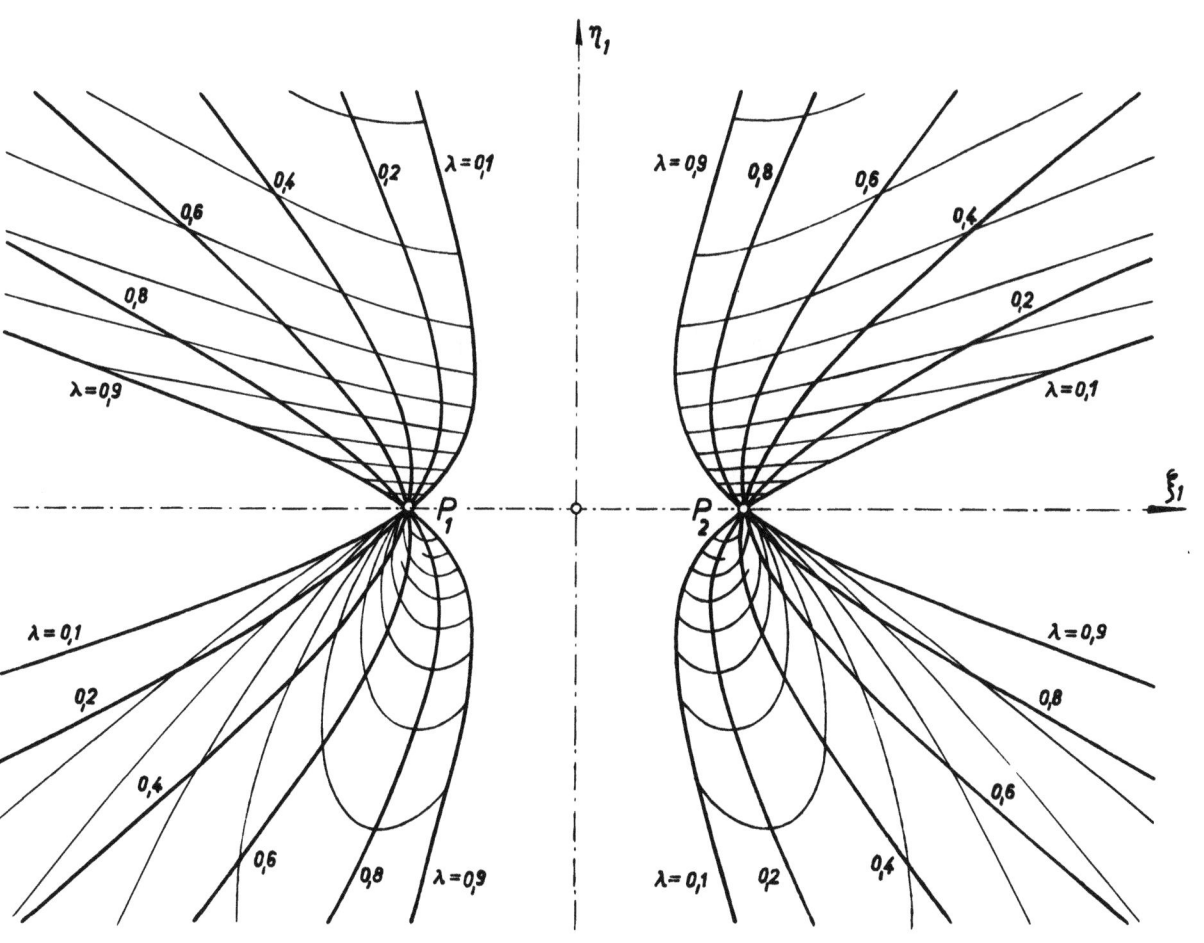

Abbildung 13

Seite 85

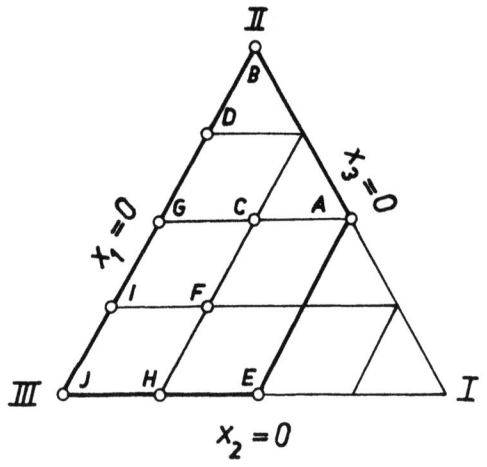

Abbildung 14a

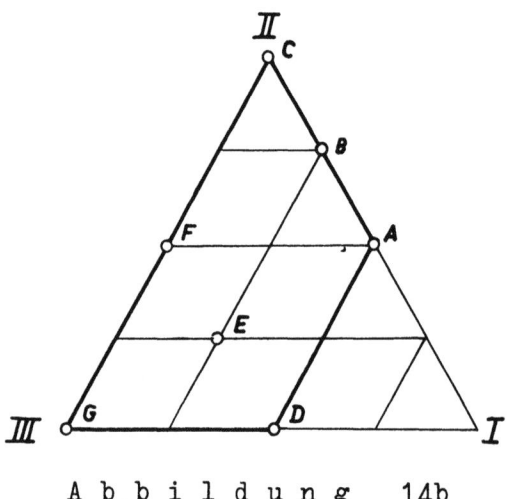

Abbildung 14b

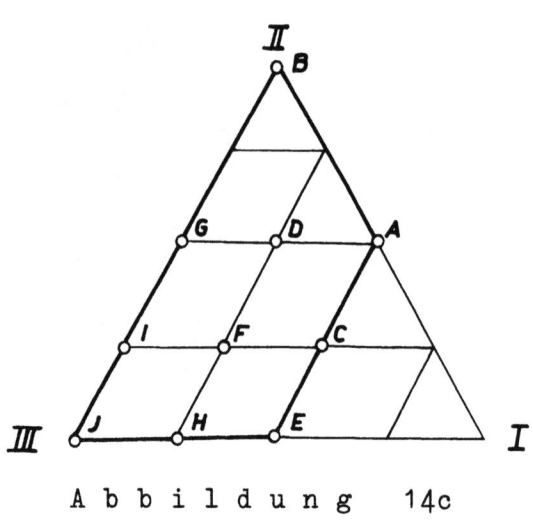

Abbildung 14c

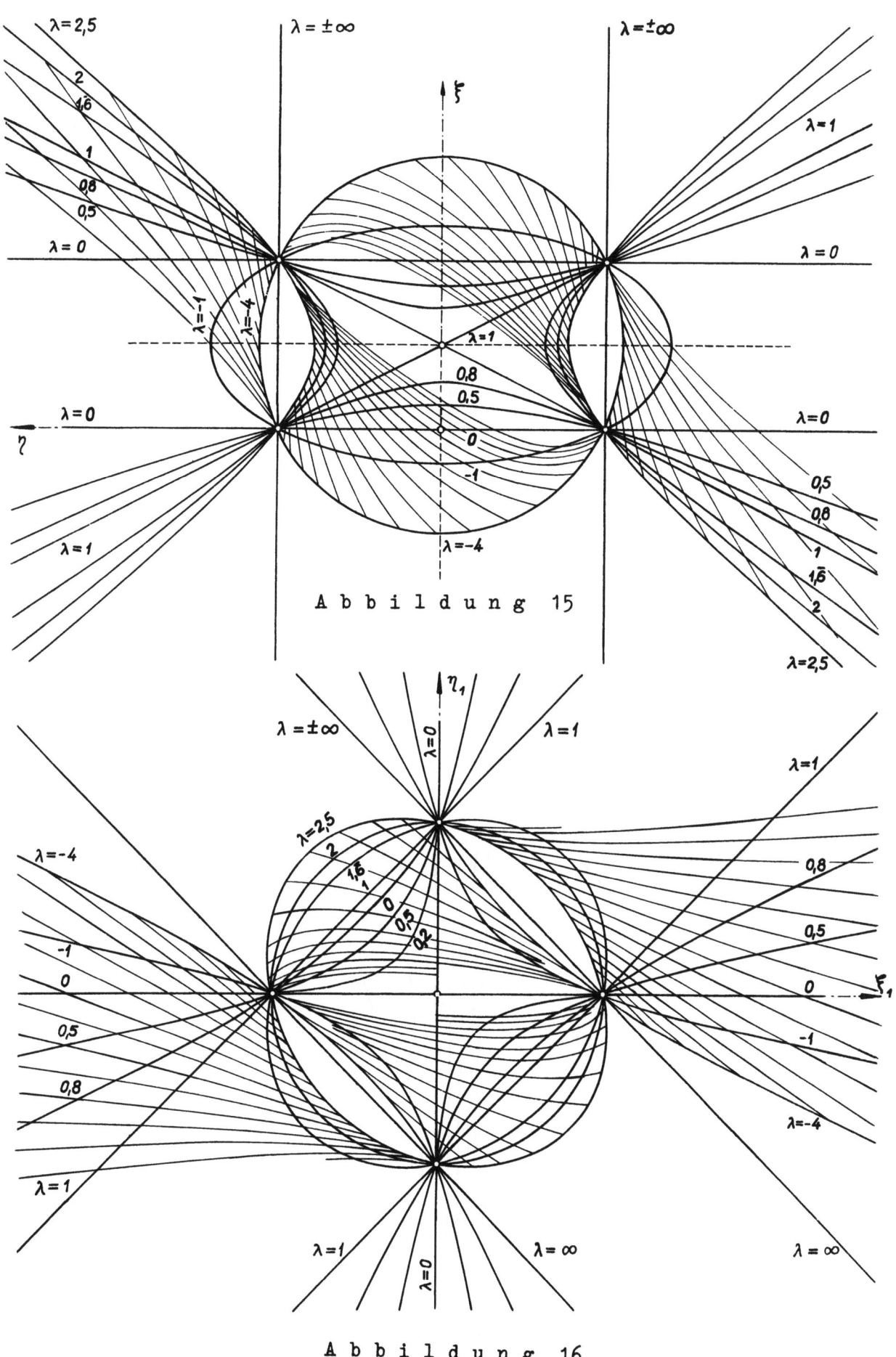

Abbildung 15

Abbildung 16

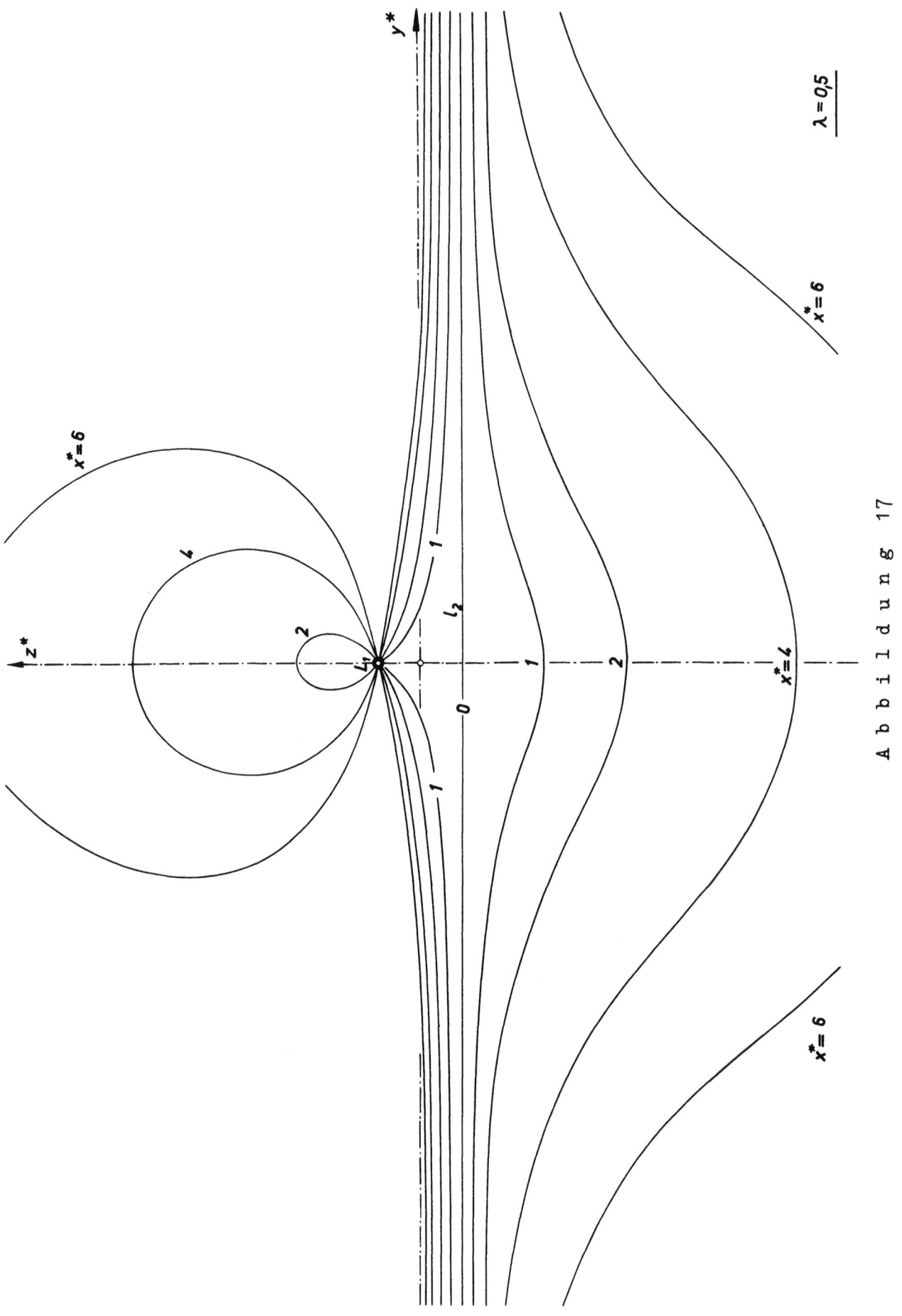

Abbildung 17

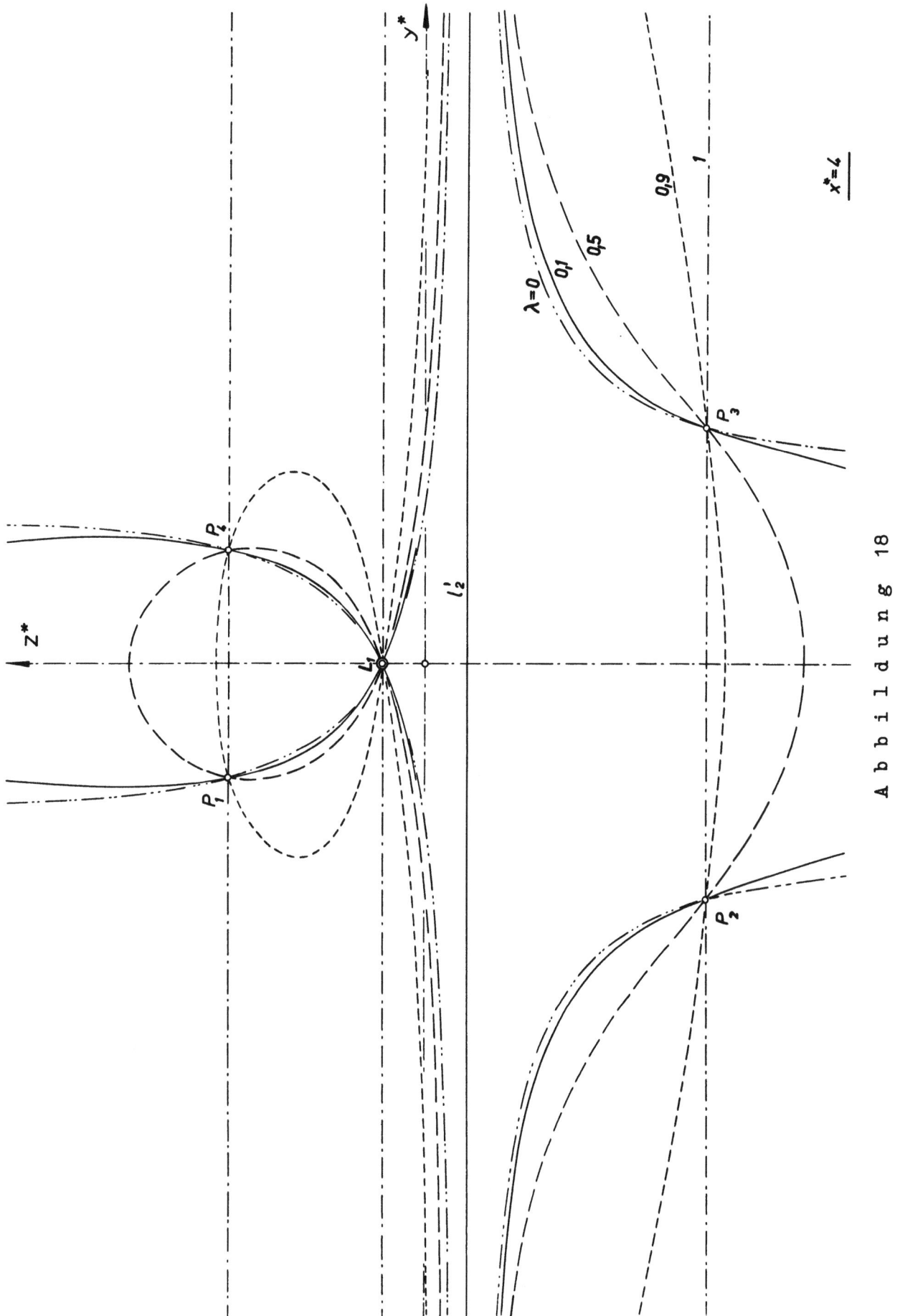

Abbildung 18

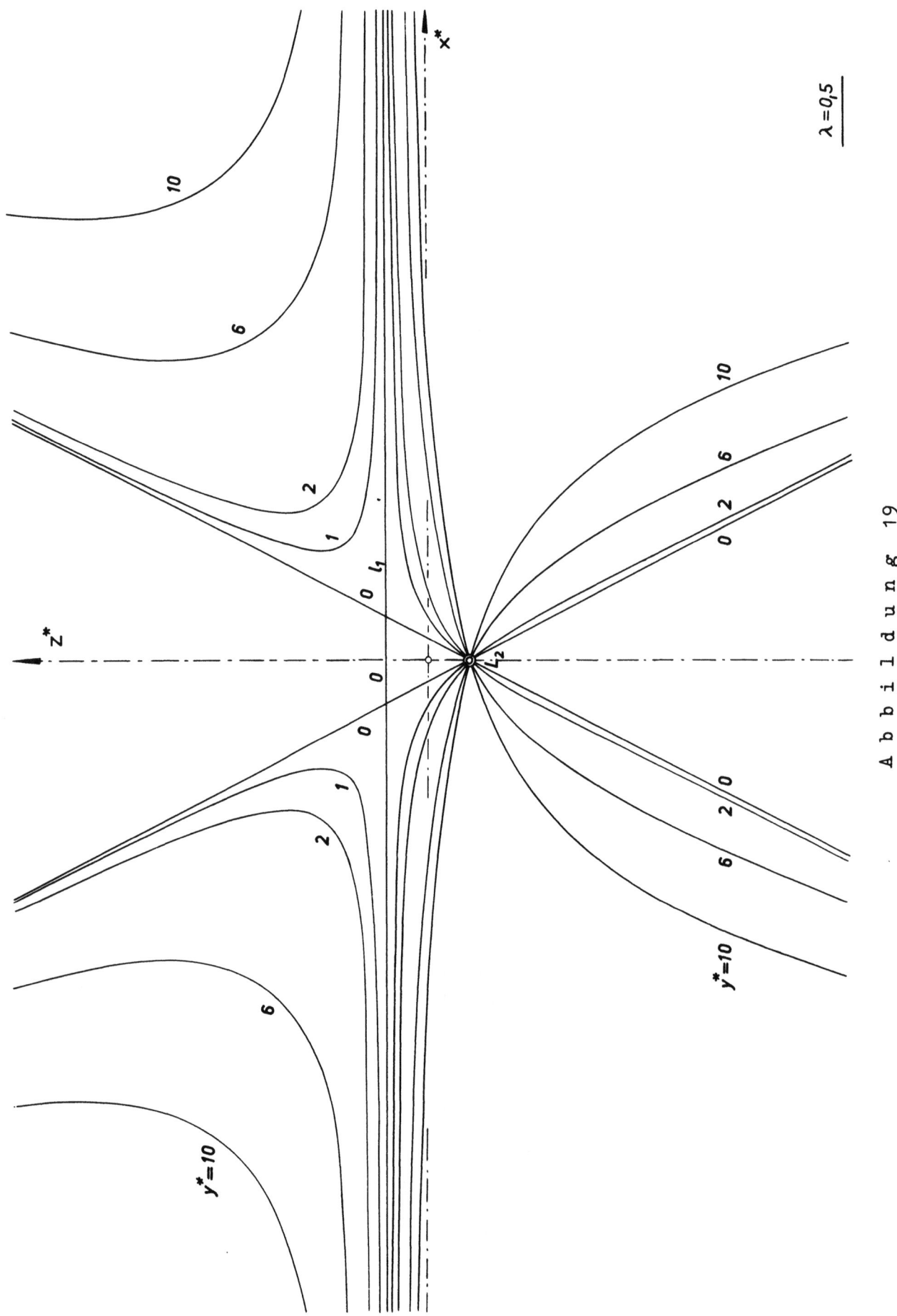

Abbildung 19

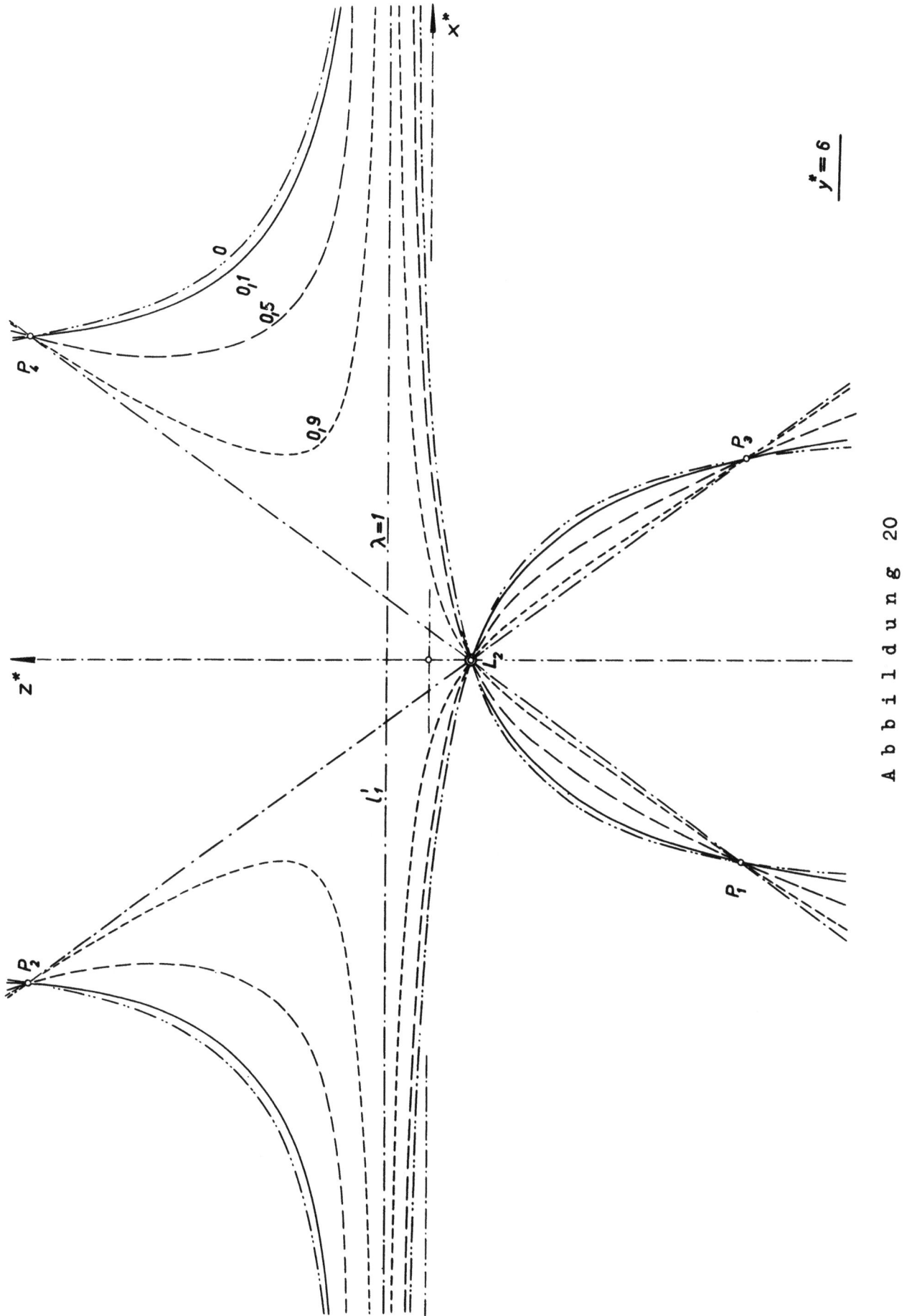

Abbildung 20 $\underline{y^* = 6}$

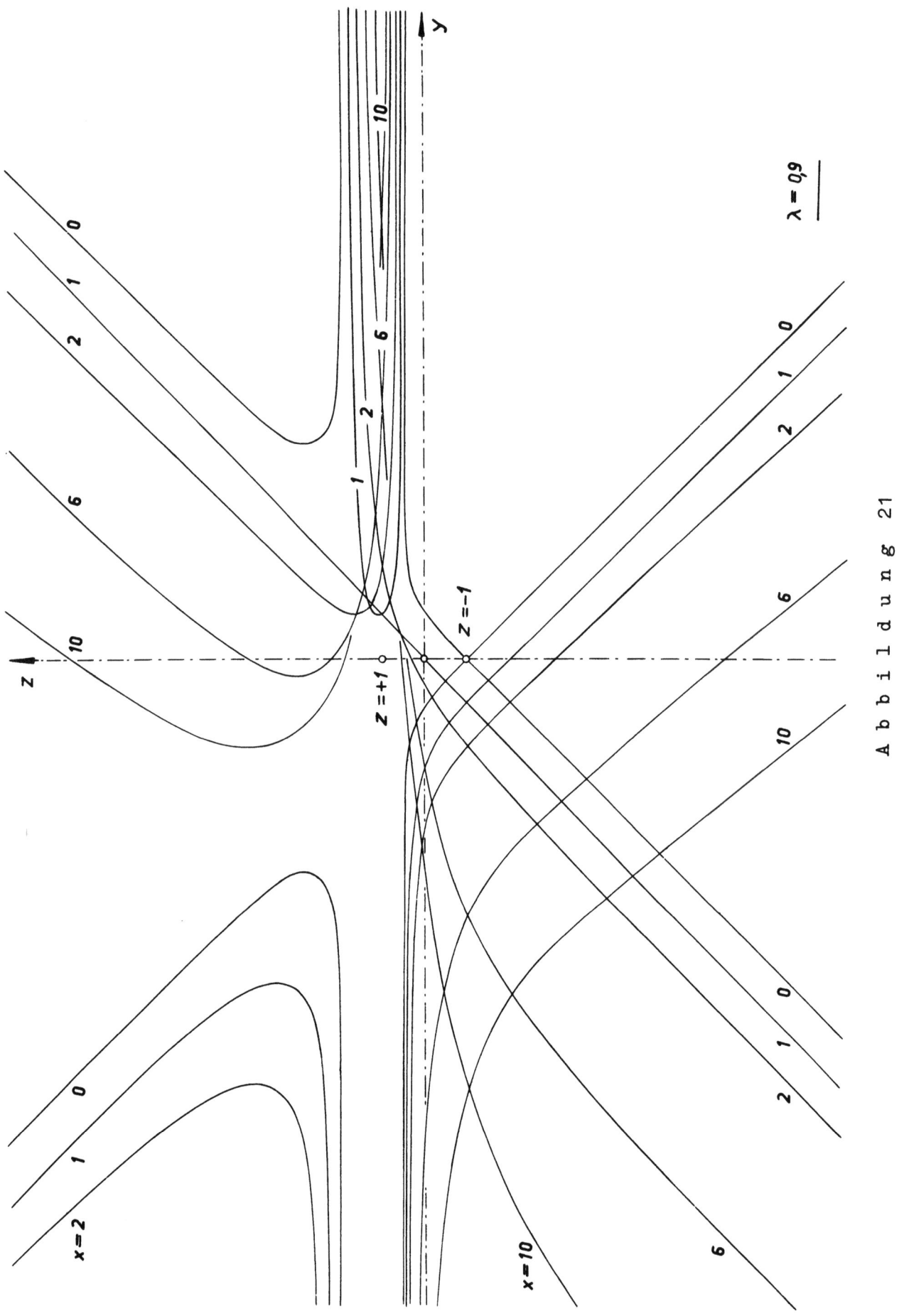

Abbildung 21

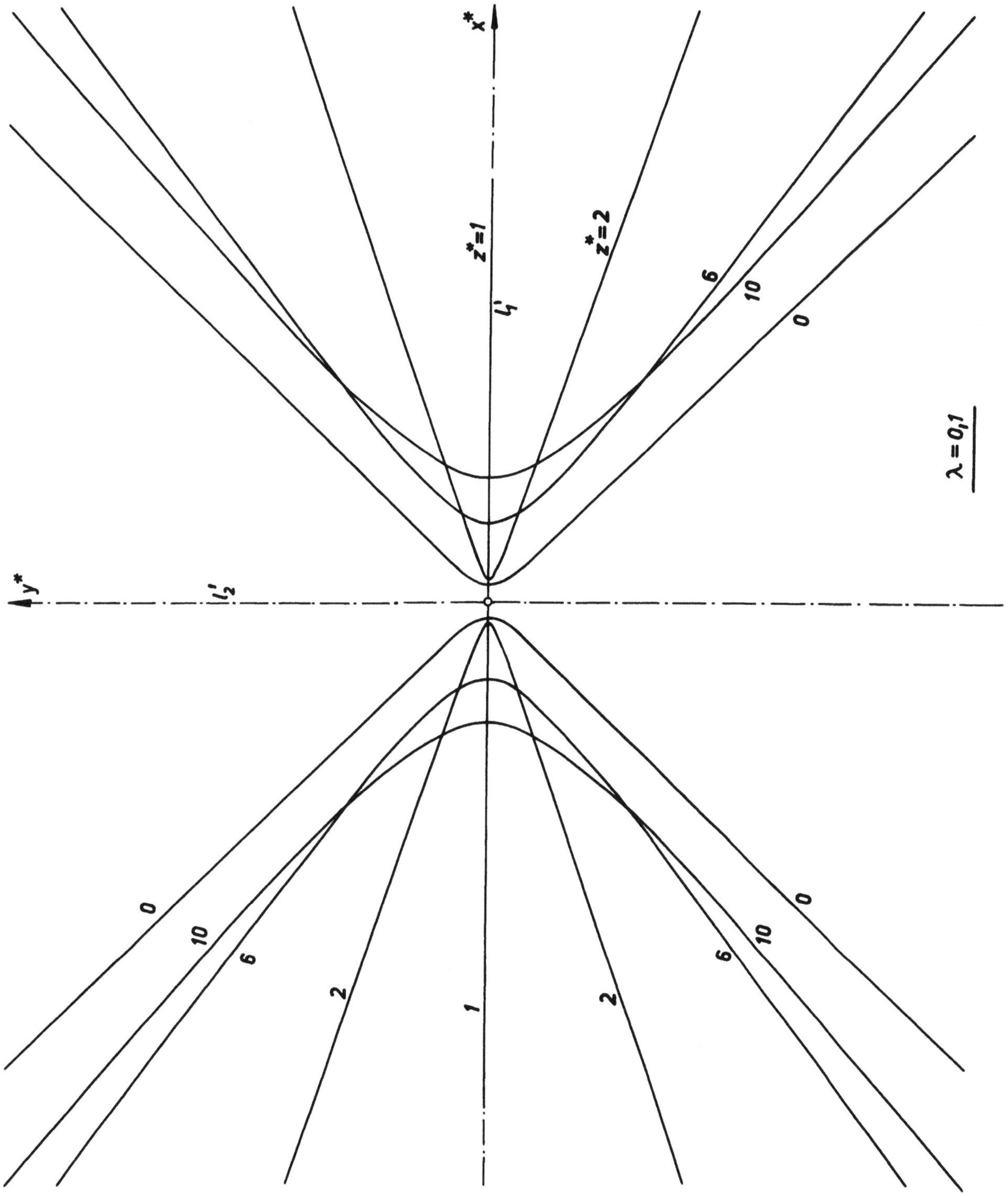

Abbildung 22

$\lambda = 0{,}1$

Seite 93

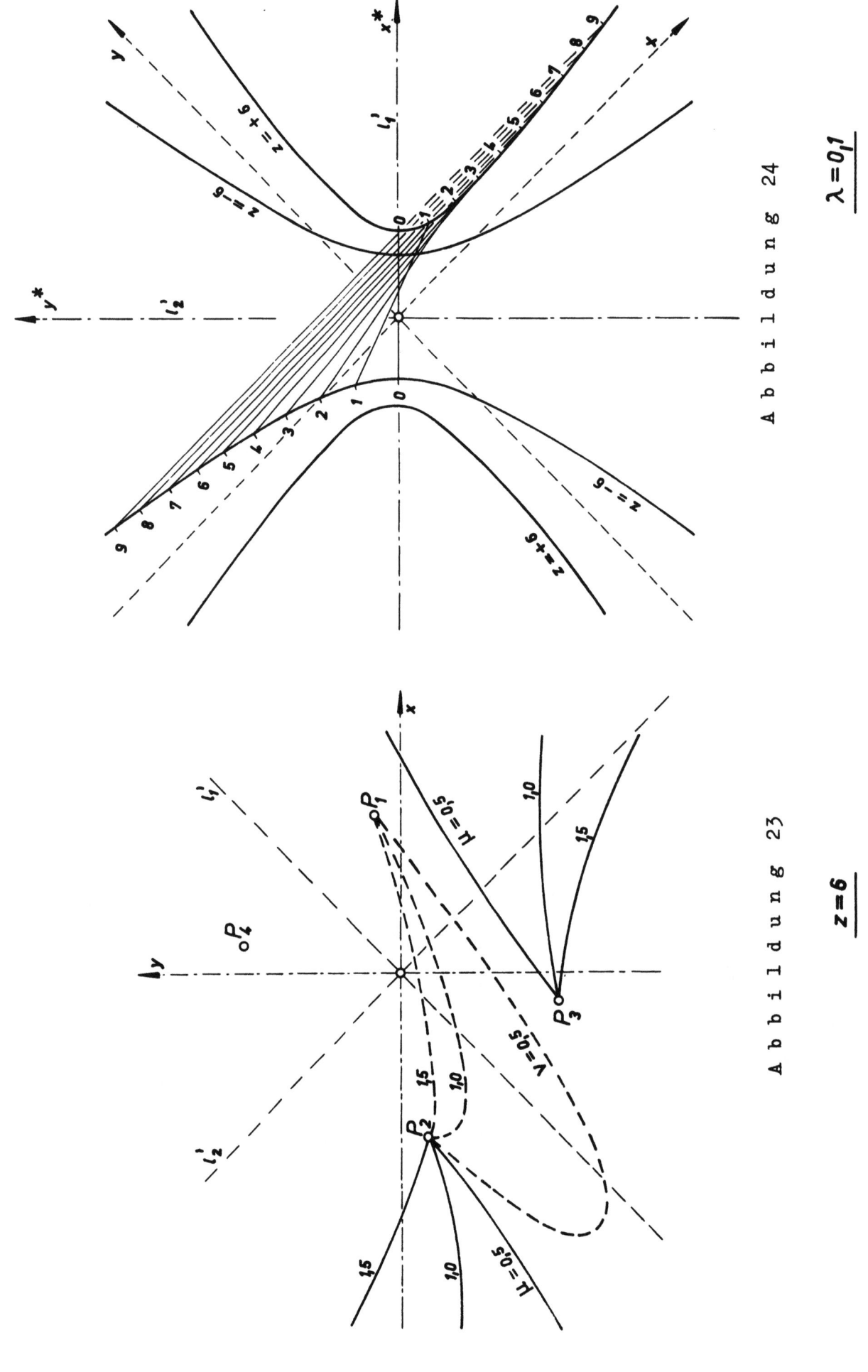

Abbildung 24 $\lambda = 0{,}1$

Abbildung 23 $z = 6$

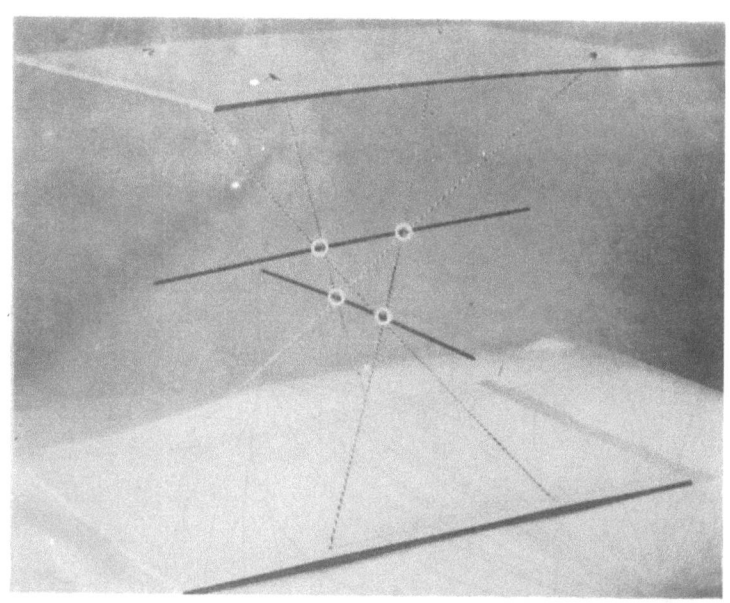

Abbildung 25a

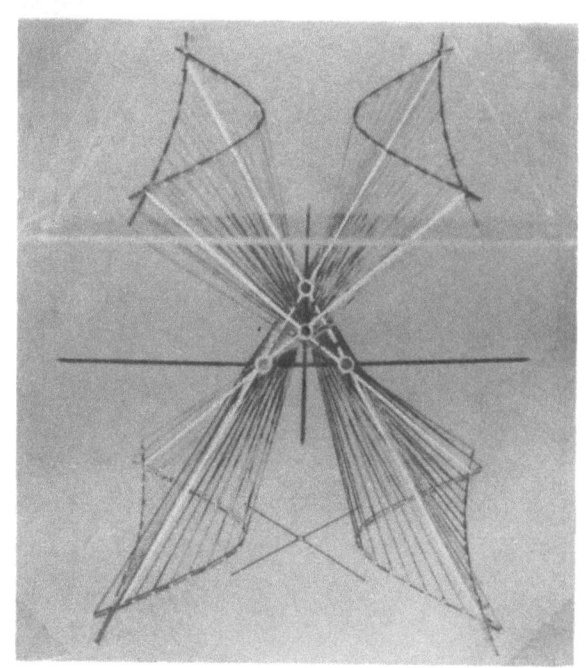

Abbildung 25b

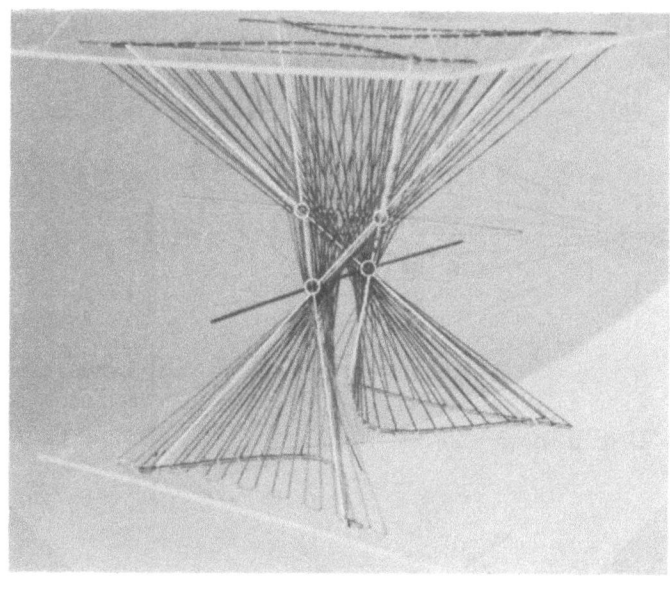

Abbildung 25c

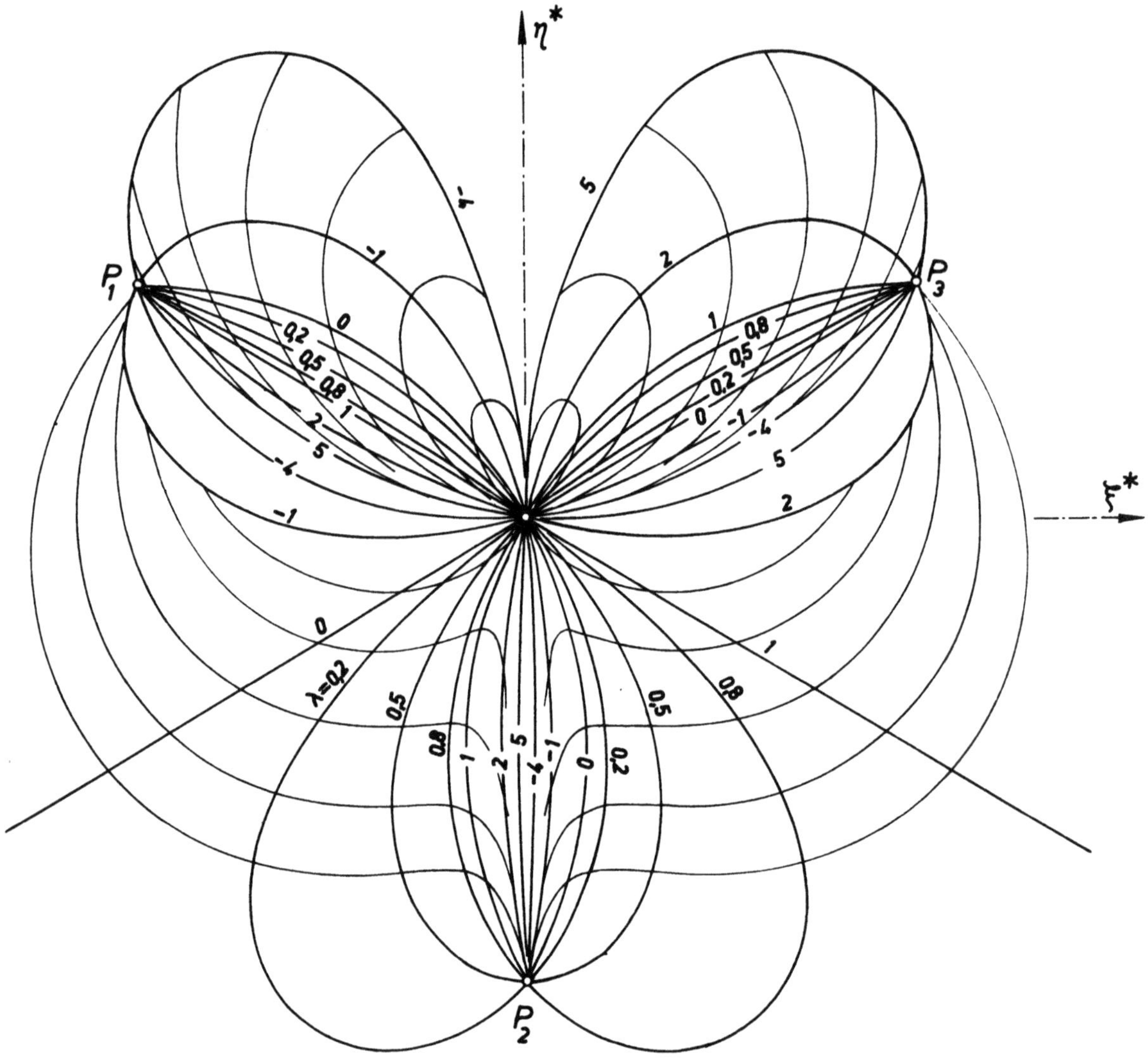

Abbildung 26

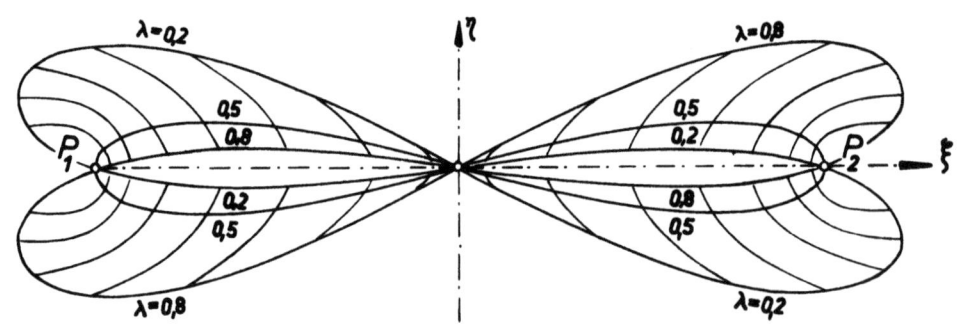

Abbildung 27

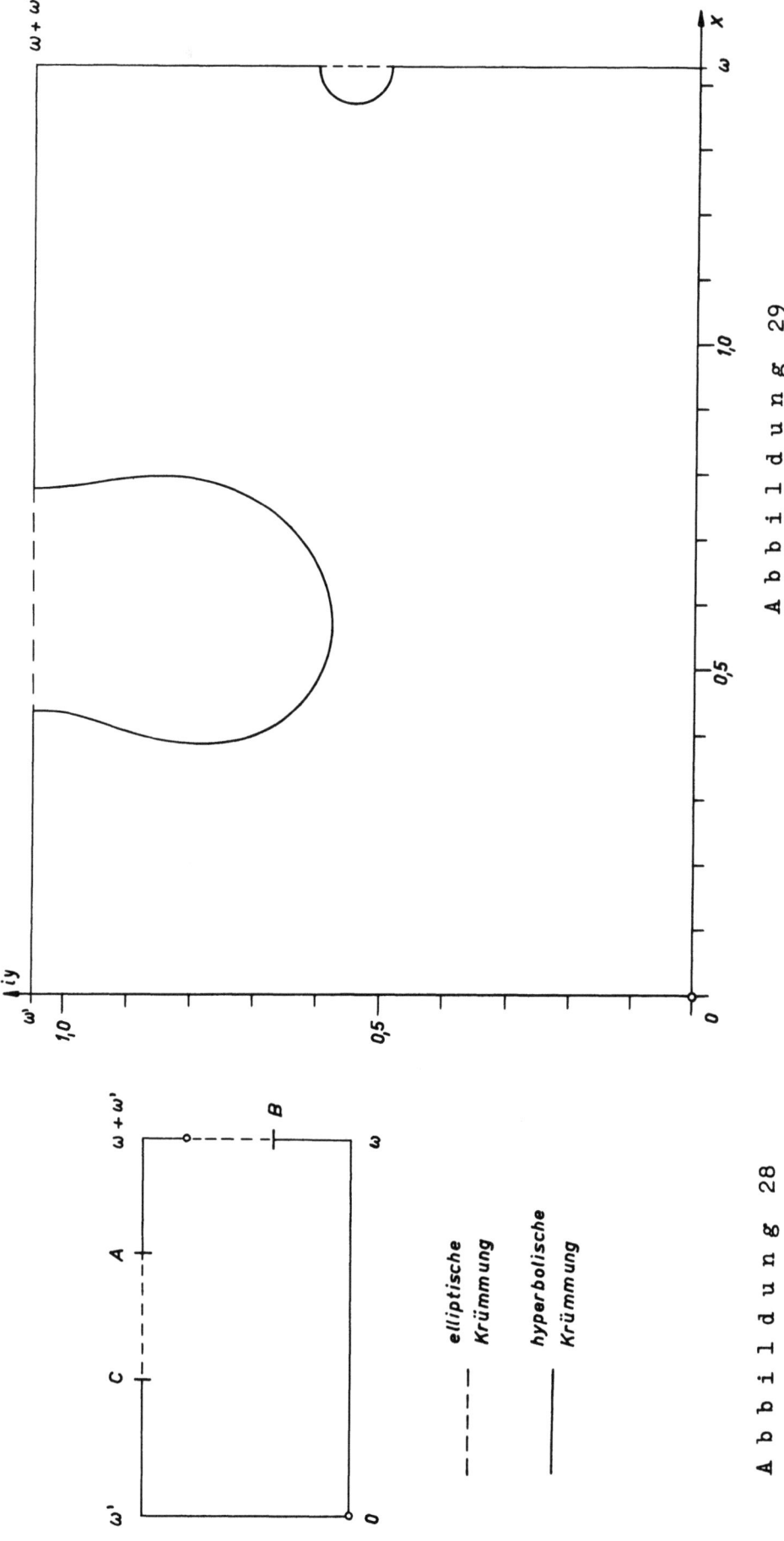

Abbildung 29

Abbildung 28

elliptische Krümmung -----
hyperbolische Krümmung ———

Seite 97

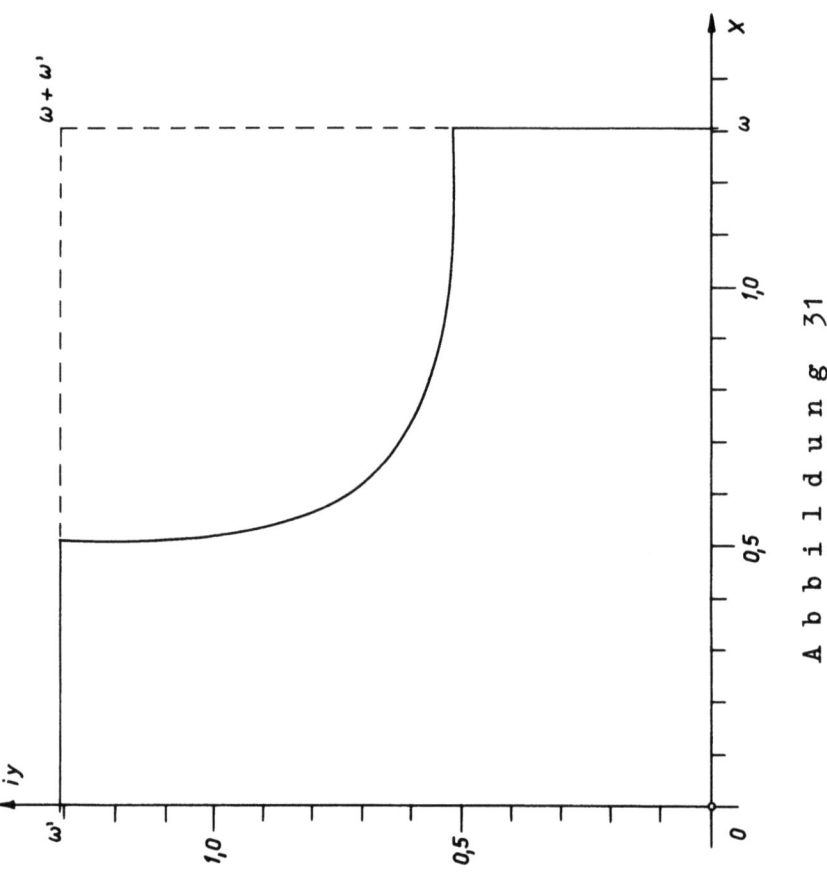

Abbildung 31

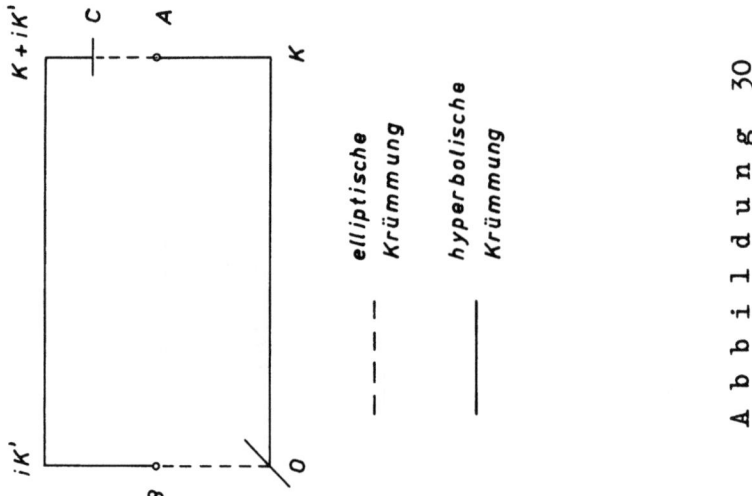

Abbildung 30

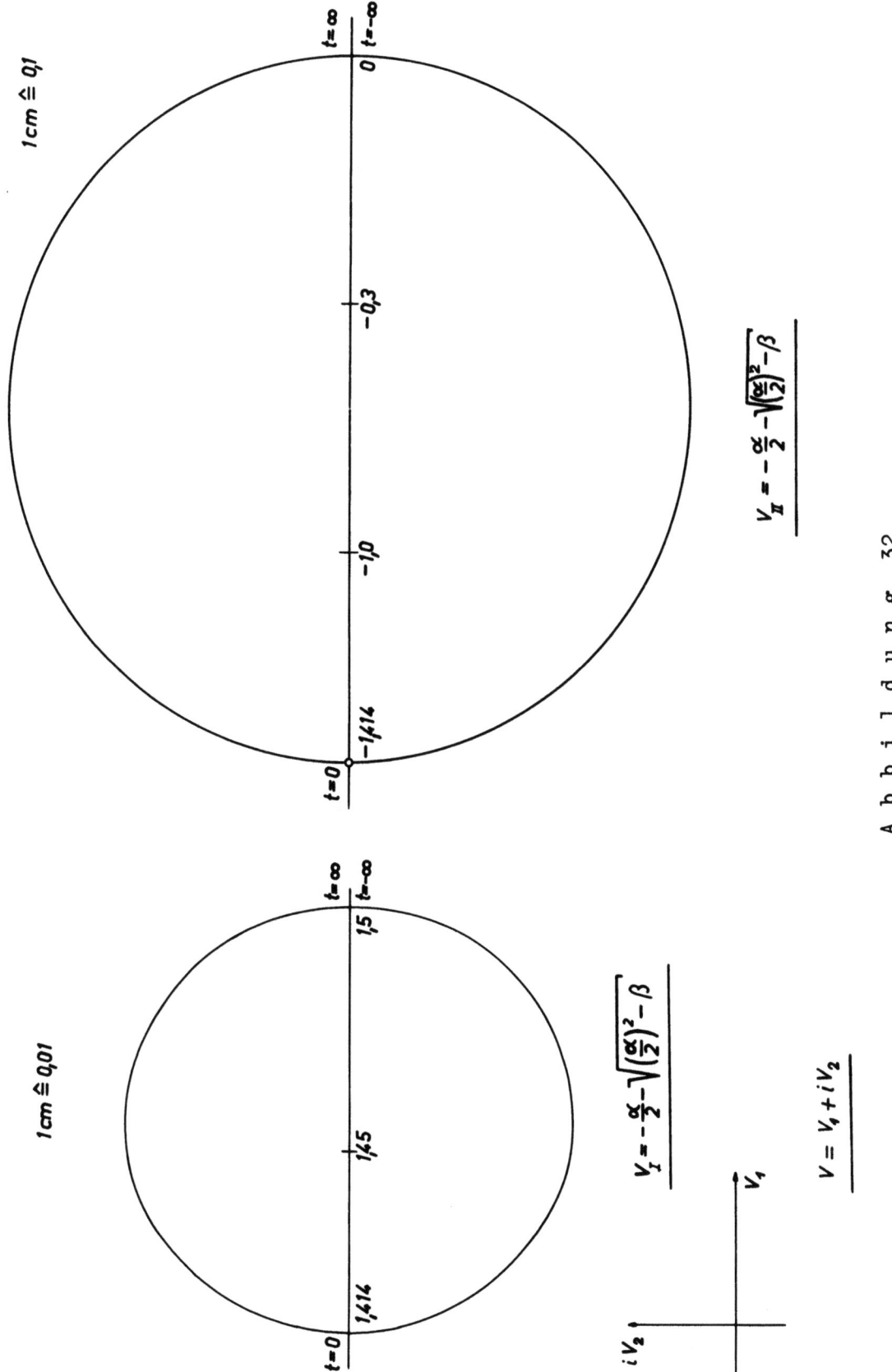

Abbildung 32

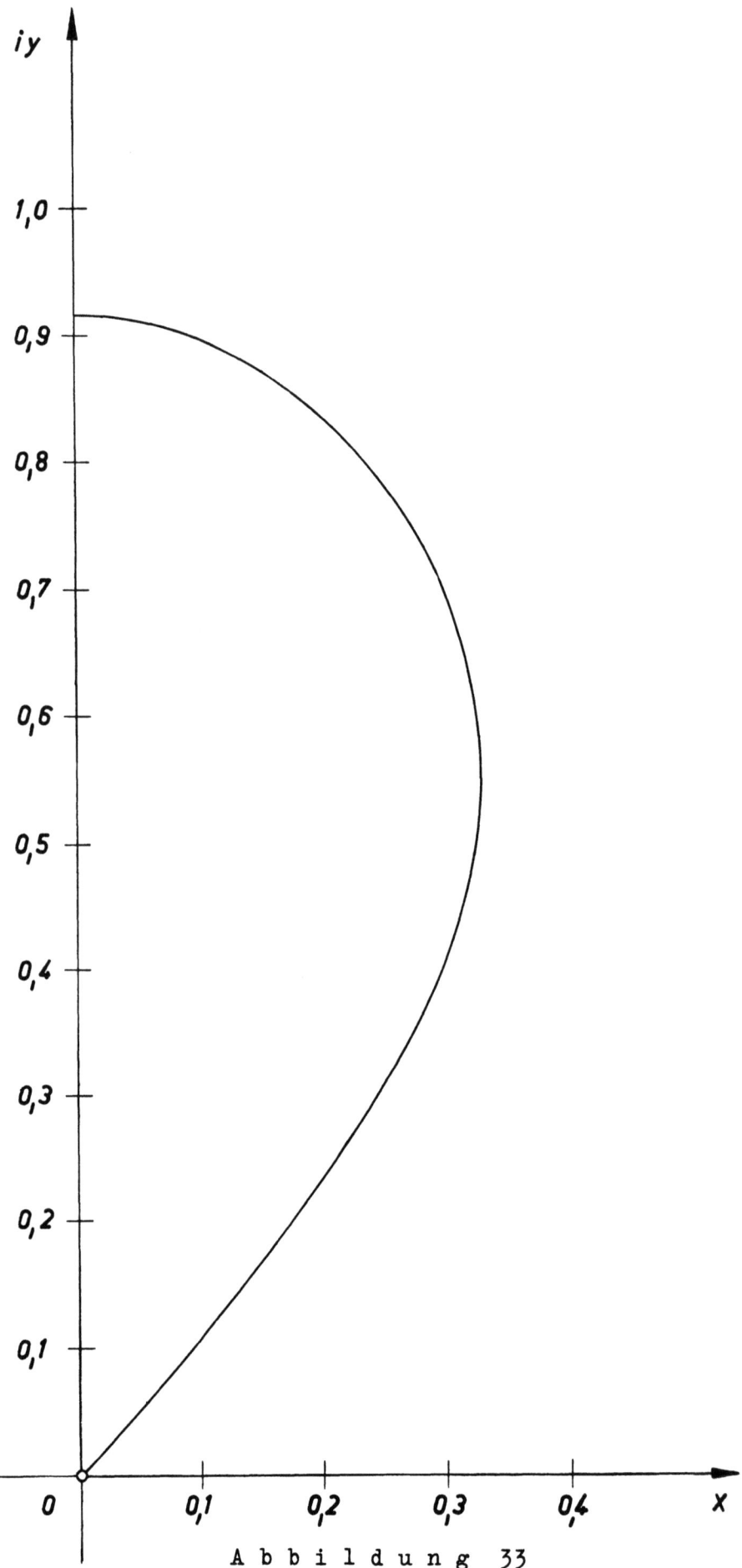

Abbildung 33

FORSCHUNGSBERICHTE
DES LANDES NORDRHEIN-WESTFALEN

Herausgegeben
im Auftrage des Ministerpräsidenten Dr. Franz Meyers
von Staatssekretär Professor Dr. h. c., Dr. E. h. Leo Brandt

MATHEMATIK

HEFT 1003
Prof. Dr. rer. techn. F. Reutter, Aachen
Untersuchungen über die praktische Verwendbarkeit einiger Verfahren der angewandten Mathematik, insbesondere der graphischen Analysis, sowie Entwicklung weiterer Verfahren für bestimmte Anwendungsaufgaben

Ein Gesamtverzeichnis der Forschungsberichte, die folgende Gebiete umfassen, kann bei Bedarf vom Verlag angefordert werden:
Acetylen / Schweißtechnik - Arbeitswissenschaft - Bau / Steine / Erden - Bergbau - Biologie - Chemie - Eisenverarbeitende Industrie - Elektrotechnik / Optik - Fahrzeugbau / Gasmotoren - Farbe / Papier / Photographie - Fertigung / Funktechnik / Astronomie - Gaswirtschaft - Hüttenwesen / Werkstoffkunde - Kunststoffe - Luftfahrt / Flugwissenschaften - Maschinenbau - Medizin / Pharmakologie - NE-Metalle - Physik - Schall / Ultraschall - Schiffahrt - Textiltechnik / Faserforschung / Wäschereiforschung - Turbinen - Verkehr - Wirtschaftswissenschaft.

MIX
Papier aus verantwortungsvollen Quellen
Paper from responsible sources
FSC® C105338

If you have any concerns about our products,
you can contact us on
ProductSafety@springernature.com

In case Publisher is established outside the EU,
the EU authorized representative is:
**Springer Nature Customer Service Center GmbH
Europaplatz 3, 69115 Heidelberg, Germany**

Printed by Libri Plureos GmbH
in Hamburg, Germany